女性的智慧

（美）陶乐丝·卡耐基 著　杨丽 译

图书在版编目（CIP）数据

女性的智慧/（美）陶乐丝·卡耐基著；杨丽译．—北京：中国书籍出版社，2020.6
　ISBN 978-7-5068-7765-7

Ⅰ．①女… Ⅱ．①陶…②杨… Ⅲ．①女性－修养－通俗读物 Ⅳ．① B825-49

中国版本图书馆 CIP 数据核字（2020）第 044695 号

女性的智慧

（美）陶乐丝·卡耐基 著　杨丽 译

图书策划	成晓春　崔付建
责任编辑	张　娟　成晓春
责任印制	孙马飞　马　芝
出版发行	中国书籍出版社
地　　址	北京市丰台区三路居路 97 号（邮编：100073）
电　　话	（010）52257143（总编室）（010）52257140（发行部）
电子邮箱	eo@chinabp.com.cn
经　　销	全国新华书店
印　　刷	三河市华东印刷有限公司
开　　本	880 毫米 ×1230 毫米　1/32
字　　数	160 千字
印　　张	6.25
版　　次	2020 年 6 月第 1 版　2020 年 6 月第 1 次印刷
书　　号	ISBN 978-7-5068-7765-7
定　　价	45.00 元

版权所有　翻印必究

目录

第一篇　人生需要规划

第1章　不忘初衷　/ 002

第2章　新的目标　/ 010

第3章　激发内在的热忱　/ 015

第4章　成功的商数　/ 023

第二篇　与爱人一起成长

第1章　倾听爱人的心声　/ 030

第2章　他需要你的赞美　/ 039

第3章　做他最忠实的信徒　/ 046

第三篇　你是他的推动力

第1章　最佳合伙人　/ 052

第2章　可怕的嫉妒　/ 059

第3章　永远的学生　/ 064

第4章　共同迎接挑战　/ 070

第四篇　适应是一种能力

第1章　不要惧怕改变　/ 076

第2章　忘情地工作是一种快乐　/ 080

第3章　爱他的不平凡　/ 083

第4章　在家工作也很快乐　/ 087

第5章　你和他的事业不冲突　/ 091

第6章　缩小你们的差距　/ 094

第五篇　是什么影响了你们

第1章　唠叨是一把刀　/ 100

第2章　自己的空间　/ 106

第3章　野心是可怕的　/ 111

第4章　冒险和尝试　/ 116

第六篇　创造幸福快乐的人生

第1章　温柔是对女人的最高评价　/ 124

第2章　共同的爱好　/ 128

第3章　享受自己独特的爱好　/ 132

第4章　培养有价值的爱好　/ 136

第七篇　完美的女人

第1章　家庭主妇　/ 140

第2章　家是休憩的港湾　/ 143

第3章　绝不浪费时间　/ 148

第4章　生活中的小技巧　/ 153

第八篇　受人喜欢是一门学问

第1章　人格魅力　/ 160

第2章　发挥我们的优点　/ 166

第九篇　爱的奉献

第1章　生活的小智慧　/ 172

第2章　健康是唯一　/ 178

第3章　爱是一切的根源　/ 184

· 第一篇 ·
人生需要规划

第1章　不忘初衷

1. 梦想

　　1910年的美国，两个年轻人租住在纽约一家简陋的寄宿公寓里，他们怀揣着梦想，准备开拓自己的未来。

　　这两个年轻人，一个是出生于密苏里州玉米种植区的戴尔·卡耐基，一个是来自麻州乡下的惠特尼。生活的窘迫，让这两个孩子备受磨难，但是，这并不耽误他们满脑子充满幻想。

　　卡耐基当时就读于美国戏剧艺术学院，而惠特尼却已经因穷苦而辍学。惠特尼看起来普普通通，跟所有的乡下孩子没什么两样。但不同的是，在这个孩子的心里，始终记得他小时候的梦想和憧憬：他要成为一个成功的人，要成为一个大老板，不再像父亲那样受苦受穷。

　　很快，惠特尼找到了一份工作，在一家大型的食品连锁商店里做零售员。他很清楚他想要的是什么，所以在工作当中，他非常地努力认真，用心地积累每一个工作经验。当其他零售员的目标只是为了拿到当天的薪水时，惠特尼却在为了掌握更多的业务情况而进行额外的工作。所以，他的能力越来越强，各方面的表现也越来越突出。命运之神眷顾了这个有准备的年轻人，当公司里一个更好的岗位有空缺时，老板第一个想到的就是这个平日里敬业专业的男孩。

惠特尼，他把自己的梦想化成清晰的目标，加上积极的行动，成功地奠定了人生的第一个台阶。

初步的晋升，让惠特尼找到了走向成功的方法，他不断努力，从零售员升为业务员、部门主管，又升为区域经理！在别人的眼里，他成功了，他的运气很好。但是只有惠特尼自己知道，他的成功是一步一步怎样累积起来的。

随后的工作中，惠特尼丰富的经验和敏锐的观察力告诉他，在这个领域里，他已经受局限了，公司里有太多裙带关系，即便他能力突出，但是管理体制上的缺陷也限制了他继续晋升的机会，他永远不会进入公司的决策层。

然而，在食品连锁商店工作的这几年，他看到了一个有着巨大发展空间的行业，那就是包装业。于是，惠特尼制定了属于自己的目标——成立橘子包装公司。制定目标，付诸行动，克服困难，努力坚持！

当他终于成为显赫的橘子包装公司的总裁时，他小时候的梦想实现了！惠特尼掌握了成功的步骤，不断复制。他开始下一个

目标：创建蓝月乳酪公司。

当年，惠特尼与卡耐基一起步入纽约时，在这个陌生的大城市繁华初上的夜晚，他初心坚定地对卡耐基说："有一天，我要成为一家大公司的总裁。"这句话他始终记得，并把它牢牢刻在了心底。每当他遇到困难，这句话都是鞭策他前进的动力。想到父辈们沧桑苦难的脸庞，他在心底里更加坚定了信念。他知道，他的目标，必须要实现！

惠特尼成功了。但是，与他在同一个平台上起步的那么多人却失败了。这是为什么？诚然，惠特尼工作努力，但是别人也一样努力！学历不是问题，大家都很注重自修，那问题出在了哪里？问题的关键是：目标！惠特尼始终知道自己的目标，他所做的一切都是在为这个目标而努力！他加班、他换工作、他学习新知识……他所做的一切都不是盲目的，他的目标一直在前方引领着他。而其他人呢？他们只是忙碌，却不知道为了什么而忙碌。渐渐地，他们失去了方向，迷茫导致了失败。

缺乏清晰的目标是人生失败最主要的原因，最可怕的就是每一天都过得茫然无从。生命在茫然中一天天地流逝，蓦然回首，岁月蹉跎，一事无成，怨天尤人，却从没在自己身上找过原因。命运的转变不是期待冥冥之中有奇迹发生，而是从你制定好清晰目标的那一刻起，它就有了良好的种子，通过你的努力行动，它会生根发芽！但是无论在过程中经历什么，勿忘初衷！

2. 内在的渴求

安·海沃德在纽约市新温斯登饭店创办了一个"易职诊断处",她担任指导员,为那些对自己工作不满意的人提供参考意见和心理辅导。我和安小姐讨论失业的问题。她说,绝大多数来"诊断"的人,他们的主要问题,就是不清楚自己在追求什么。安小姐在和他们沟通的过程中,首先就是发掘他们内在的渴求。她帮助他们的思想在烦琐中清醒过来,理清思路,唤醒内心的希望和野心。当他们找到自己的目标和渴望的瞬间,他们的眼眸熠熠生辉。

对于想要获得幸福的女士们,首先要学会去提升自己,然后帮助丈夫去提升和改变。你要帮助他唤醒对生命的渴求和希望,与他齐心合力,一步一步改变目前的状况,最终把渴望变成现实。你们只有共同完成梦想,才能体会到幸福稳固不变的要素。

《婚姻指南》一书的作者——塞默和伊瑟克林指出,幸福的婚姻需要夫妻拥有共同的梦想。也许你们想要一幢新房子,也许是一次环球旅游,也许只是一台豪华一些的车子……梦想不需要有多大,关键是它能吸引你们共同去努力。你们拥有这个梦想,并期待通过努力去早日实现它。

塞默和伊瑟克林说:"对眼前的生活有所希望,然后竭尽所能去实现它。快乐、情趣、参与感都会从构思、梦想和希望中获得。从共享胜利与失望、成功与失败中获得。"这句话是夫妻共

同成就人生理想的重要法则。

　　堪萨斯州的威廉·葛理翰夫妇成功地运用了这个法则。威廉·葛理翰油料公司是当地举足轻重的公司，总裁威廉·葛理翰在公司的发展壮大中功不可没。他在公司的发展中获得了可观的利润，实现了财富的丰足。同时，他与夫人玛瑞丽也拥有令人羡慕的婚姻。他们共同进退，感情甜蜜，孕育了6个健康的孩子。富有、和睦、成功，让他们受人瞩目，更让他们学会了彼此之间的凝聚，他们对彼此充满信心，所以对未来更是充满了希望。

　　有人请教他们成功的最大因素，威廉·葛理翰说："我们夫妻长期计划和协调工作，长期共同发展，这是我们成功的唯一最大因素。"

　　玛瑞丽是个聪慧的女子，她与威廉·葛理翰结婚伊始，就领悟到了丈夫的梦想。她没有像有些女人那样，用自己的琐碎牵制住丈夫，而是在了解丈夫的梦想之后，帮助他把梦想变成了如何实现的具体计划。然后他们共同投入工作，从房地产生意着手，赚取房屋中介的利润。他们没有任何背景，没有任何人的帮助，有的只是成功的信念和埋头苦干。为了节省开支，他们把办公室设在一个废弃通道的末端，玛瑞丽在这里负责联络服务，威廉则四处跑客户、拉生意。

　　起步总是艰难的，业务进展缓慢。这对年轻的夫妇精打细算，勤劳不怠，全家才不至于饿肚子。

　　逐渐地，生意好了起来。他们看准目标，拿出全部的积蓄，开始出资购房，然后再进行转卖，从而从地产行业赚取了自己的第一桶金。这样的经营方式，利润是丰厚的，他们迅速累积资金。接下来，他们具备了实力，开始投资建房。生意在两个人的兢兢业业下越做越好，经营状况稳步上升。这个时候他们并没有停滞不前，威廉觉得，为了获得更大的发展空间，他应该拓展新的行业了。这也是他们夫妻计划的一部分。

二人经过反复协商，最后决定做石油生意。玛瑞丽认为，这个行业比较适合她的男人威廉。因为这个行业，可以满足他拥有更大发展和更多挑战的渴望。这是个像狮子一样的男人，只不过是被她在新婚后不久就唤醒了。玛瑞丽了解丈夫的个性，于是帮助他成立了"威廉·葛理翰石油公司"。这是他们成功运用唤醒渴望的法则，让梦想成真的实例。

接下来，威廉又制订新的计划，他和玛瑞丽计划在国外投资。一旦方案可行，他们将立刻付诸行动。事实证明，几年之后，他们在全球几个国家都拥有了经营机构。

威廉·葛理翰夫妇选择目标并制订计划时会遵循一个原则，那就是扬长避短。玛瑞丽深知丈夫的特点。她会考虑威廉受过何种训练，他的优势和劣势分别在哪里，这在计划的实施当中往往事半功倍。威廉有个特点，那就是喜欢新的挑战。所以，他们不断制定新的目标，让威廉的个性和潜力得到充分的发挥，避免在目标实现后，他会失去奋斗的激情和乐趣。正是这种共同面对挑战的过程，让他们在合作中收获了亲密的感情。

威廉·葛理翰夫妇成功的秘诀是，首先知道自己想要的是什么，他们要为什么目标而行动。两个人建立好共同的目标，制订

合理的计划,然后用实际行动来一步步接近目标,直至达成。这就好像射击,我们瞄准目标,总比盲目开枪命中率要高。

3. 向一个方向努力

著名的已故哥伦比亚大学教授狄恩·海伯特霍基斯说:"混淆不清,是忧虑的主要原因。"

人最大的失败,是每天重复漫无目的地生活,浑浑噩噩,得过且过。这种混淆不清的状态是造成人生忧虑的主要原因,所以,我们要理清思路,找到生命的重心,制定生活或事业的目标,这样才会获得幸福的砝码。

你应该知道,成功对你、对丈夫、对家人会产生什么样的意义。成功是指什么?是财富,尊重,权力,社会责任,还是满意的工作?最终的答案是,成功会让我们收获生活的幸福。

我们要共同思考并回答这个问题。对于不同的人,成功具备不同的意义。也许有些人认为,只要有一个满意的工作,就是成功。但是对于你和你的丈夫,你们要找出共同认可的成功的意义,这样才能产生巨大的力量,来唤醒你们内心的渴望,帮助你们发现所需要的共同目标。

每一个女人都渴望丈夫是成功的,但前提是你是出自于对他的爱,否则就是一种寄生或者利用。如果你深爱着丈夫,你就要学会读懂他的心,了解他内在的渴望,帮助他成就这些渴望。现实当中有很多这样的例子,当双方准备向着成功前进时,却发现两人的方向是相反的。

最主要的是，你们确定了方向，切记不要让他一个人前行，你要把自己融入计划，与他合二为一。你们共同成长的经历，也是一种幸福的体验。

"相爱并不是双目对视，而应该是朝同一个方向投视。只有这样，爱才会延续下去。"我不记得这句话是谁说的，但是它的确是夫妻间彼此成就的最好的忠告。

记住，婚姻成功的第一步是："共同实现你们的梦想。"

第2章 新的目标

1. 生活的最大乐趣

生活中最大的乐趣不只是爱情,而是与爱的人在共同成长的过程中,实现一个又一个的目标。这种比肩同行的经历是一笔巨大的财富,你们会更加了解、体谅、爱护对方。这种甜蜜和交融,尤如二度蜜月,而又更加坚实可靠。

我的丈夫戴尔·卡耐基曾在新婚之后对我许下过三个愿望,因为他知道这三个愿望是我渴望实现的梦想。于是戴尔按照这三愿望一个一个制订计划,我们一步步前进,努力不懈。最终,我们的愿望真的一个接一个地都实现了。这种乐趣,真的不是普通生活中所能体验到的。

尼克·亚历山大内心最渴望的是上大学。他自小在孤儿院长大,在那个落后的孤儿院里,孤儿们从早上5:00开始工作,一直到夜晚。孤儿院条件艰苦，伙食质量差数量少，孤儿们根本吃不饱，更不要说供养他们上大学了。

尼克天资聪颖，14岁就中学毕业。他虽然怀揣上大学的梦想，但是为了生存，他只能步入社会开始谋生。

尼克在一家裁缝店里找到缝纫机手的工作，这工作他一做就是14年。他兢兢业业，但却始终没有攒够上大学的钱。

虽然生活拮据，但是尼克还是幸运地娶了一个女孩。她知道尼克的梦想，她爱他，愿意帮助他实现他的大学梦，然而现实总是残酷的。他们结婚不久，裁缝店开始裁员，尼克失业了。那一年是美国经济危机时期。

年轻的尼克夫妇决定去闯一番自己的事业。尼克的太太特丽莎卖掉了订婚戒指，夫妻二人汇聚家里所有的积蓄，开办了一家"亚力山大房地产公司"。

在他们的用心经营下，公司的生意十分兴隆。两年不到的时间内，他们就获得了丰厚的财富。特丽莎适时地鼓励尼克，去完成他少年时期的大学梦。尼克一鼓作气，终于在36岁那一年，成功地拿到了学位，实现了他人生路上第一个梦寐以求的目标。

作为他夫人特丽莎的生意合作伙伴，尼克又投身到他们的房地产事业中来。他们计划拥有一幢海边的别墅。功夫不负有心人，这个目标他们也实现了。他们在一次次的实现目标的共同奋进中，感情越来越浓厚，没有什么力量可以把这对伴侣分开，他们的灵魂和梦想是一体的。

事业的成功，是不是意味着可以坐下来轻松享受了？哦，

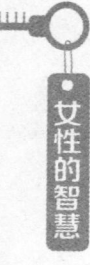

不，绝对不！他们可爱的小女儿还需要接受最好的教育。他们拿出策略，把他们商业大楼的银行分期付款缴清，把大楼转换设施，变成公寓进行出租。这样他们所得到的租金就完全可以支付孩子接受最高等教育的全部费用。他们认准这个计划可行，而且为了完成目标，这个事必须成功。他们再次全力以赴，最终胜券在握。

所有的事情都是有计划的，亚历山大夫妇开始为他们的退休保险金努力。他们分工，由尼克主持事业，特丽莎照顾家庭，一切都在掌握中稳步进行。

由于眼前总是有清晰的目标作为导向，亚历山大夫妇的生活忙碌、幸福。他们始终朝着既定的方向努力。萧伯纳有句话说："我厌弃成功：成功就是在世上完成一个人所做的事，正如雄蜘蛛一旦授精完毕，立即被雌蜘蛛刺死一样。我喜欢不断地进步，目标永远在前面，而不是在后面。"亚历山大夫妇读懂了这句话的涵义，因为他们正是这样做的。

2. 制定奋斗目标

大多数的男人女人，一辈子迷迷糊糊、浑浑噩噩、得过且过，没有任何追求。面对自己空虚失败的人生，他们往往不会反省自己，而是把一切的不如意归咎于别人或者社会。而那些真正体会到人生价值的，都是具有着清晰思维、积极心态的人。他们学习能力强劲，掌握信息敏锐。他们时刻准备着，一旦有机会降临，在平常人还没有反应的时候，他们已经牢牢地抓住了机会。

这些人都有一个共同的习惯：为自己时刻设立明确的目标。

思考一下，你的未来想要什么？如果你结婚了，你和丈夫有没有共同的目标？为了你们美好的未来，是不是要制定你们的家庭目标？

为了让美好的未来变成现实，你们必须要设立一个长期的目标，然后把这个目标划分为每五年一个阶段，第一个五年完成什么，第二个五年再完成什么，然后一步一步去实现。最终，你们就真的会达成之前设定好的那个长远目标，就像我的先生戴尔·卡耐基和我一起，共同实现他许给我的那三个愿望一样。

上一章我讲过指导师安·海沃德，她的一位顾客曾经说过一句很精彩的话："我希望我丈夫永远不会因为自我满足而停滞不前。我们结婚5年了，每年都会设立一个新的目标。首先是他的学位；接着是他进修课程；然后是他一年的自由投稿工作；现在是他的事业。他都一一实现了。有目标，让他对自己充满了自信，我也相信他能成功。而且在这个过程中，我们的完美合作就好像度蜜月那样亲密，所以我希望他一直有新的目标，而不是结束。同时我很纳闷，为什么有些妻子，会和丈夫背道而驰，越走越远？说白了，是他们之间除了应付生活，没有核心的方向。这是造成婚姻失败的一个原因。"

有一句谚语说："不论你现在拥有什么，只要不忘初衷，你将永远不会失去什么。"

完成一个目标，制定下一个目标，这是成功的人生模式。因此，如果你是一个人，你要这样做；如果你结婚了，想要高质量

的婚姻生活,你更应该这样做。放弃自私的短暂享乐,跟你爱的那个男人合作,建立你们共同的追求目标,让爱在合作中凝聚升华。

第3章　激发内在的热忱

1. 热忱：迈向成功之路的指南针

在工作中投入热忱，正如诺贝尔奖获者那样，用百般的热忱带来丰硕的成果。这一点，我们都需要。

记者就"如何才能使事业成功"这个问题，采访过已故纽约中央铁路公司总裁佛里德利·威尔森。威尔森说：

"热爱你的工作！你对它投入的热情越多，你成功的概率就越大！很多人都不会想到这一点，其实这是关键。成功者和失败者的聪明才智并无多大差距，但是成功的那一个，一定是在工作或者事业当中，投入了百般热忱的那个。这就是成功的秘诀，但是人们往往都忽略了。一个对事情富有热忱的普通人，和一个有能力但不热忱的人相比，前者的成功也一定会胜过后者。"

热忱会让我们对所从事的工作产生浓厚的兴趣，哪怕是在挖

土，你也会把它视为神圣的天职。它会调动我们身体里全部的积极性和潜能，帮助我们敢于面对困难，迎接挑战，克服困难，勇往直前，直至取得胜利。这就是热忱的力量。

爱默生说过："有史以来，没有任何一件伟大的事业不是因为热忱而成功的。"这句话并不空洞，它的确是我们前进之路上必不可少的指南针，它会引领着我们走向成功。

我希望你能看到这本书，即便没有其他的收获，但是你读懂了付诸热忱对所有事物的重要性，单这一点，你也足以帮助自己或者你的丈夫走向成功。能对事物投入热忱的人，一定是个积极的、主动的、充满动力和智慧的人，无论他从事的是什么工作，艺术家、图书管理员还是肥皂推销员，这都是他完成梦想、追求幸福的必备条件。

2. 培养工作热忱

当你对工作投入热忱的时候，你会发现你的能量是源源不断的。耶鲁大学的著名教授威廉·费尔波，在他的启发性著作《工作的兴奋》中这样写道：

"我热爱教书，我对她的热忱是疯狂的。对我来说，教书凌驾于任何职业之上！这对我是不可替代的！我相信每一个画家、歌手、诗人，他们像我一样，每天早上一睁开眼睛，就会因想到热爱的工作而兴奋异常，这让我们的身体产生强烈的工作欲望！永远对工作抱以最热忱的态度，这会带来最佳的工作成果。这就是许多人在人生中取得成功的重要因素！热忱，是成功唯一的态度！"

所以，我们要学会发自内心地、愉快地去工作。在工作中体会到乐趣，从而激发出我们对工作的百倍热忱。知道了要对工作培养热忱的态度，那么你可能会说："现在，我已经明白了热忱的重要性。我会激发我的各项热忱，包括做家务的热忱。但是我同时很想帮我的丈夫找到热忱，激发他无限的潜能。我应该怎么去做呢？"在下一章，我会用六个方法与你分享，如何帮助我们培养丈夫对工作的热忱。

我们对所从事的工作，有一个清晰的认可，那么我们才会对它产生热情，全身心地投入。这个认知，是相当有必要的。

我们都深有体会，在任何一个地方，人们总是被具有感染力的那个人吸引，因为那个人具备热忱。要知道，我们的工作都是十分重要的。也许我们是老板，也许我们是老板雇用的人，但是我们都深知，雇用一个充满热忱的人，会对工作产生多么重要的作用。正如亨利·福特所说："我喜欢具有热忱的人。他热忱，就会使顾客热忱起来，于是生意就做成了。"

查尔斯·华尔沃兹是"十分钱连锁商店"的创始人。他说过一句话："对工作毫无热忱的人，会四处碰壁。"查尔斯·史考伯则说："对任何事都充满热忱，你会发现做什么都会成功。"

但是我们要有区分，让一个对音乐毫无感觉的人去投入，无论他再怎么努力，他也不会成为一个出色的音乐家，因为他的热忱不在音乐上。他可能有他更感兴趣、更愿意付诸热忱的事物。所以，找到我们感兴趣的行业或工作，制定好目标，把我们的热忱全部投入进去，充分发挥我们在这个行业的才气，我们就一定

会取得收获。做任何事情，无论是物质上的还是精神上的，其规律都是如此。

对，热忱！告诉正在读这本书的每一位亲爱的女士，同时请你把这句话也告诉你的丈夫，没有其他的秘密，我们需要的就是热忱！即便我们从事的是严谨呆板的需要高度专业技术工作，我们也一样需要投入热忱。

协助发明过雷达和无线电报的伟大的物理学家爱德华·斯皮尔顿，是一位诺贝尔奖获得者。《时代》杂志曾经引用过他一句极具启发性的话："我认为，一个人想在科学研究上取得成就，热忱的态度远比专业知识重要。"

如果说这句话的是个普通人，我们可能会认为他没有什么依据和分量。但是这句话是出自于斯皮尔顿这种权威性的人物，那么它所具备的深远意义，是不是值得我们好好去思考？热忱的工作态度在任何一个领域都是重要的，无论你是科学研究工作者，还是一个普通的职员，热忱在我们的工作中，都起着不可忽视的重要作用！

3. 弗兰克·贝特格的成功启示

大家应该知道一本书《我如何在推销上获得成功》，这本书是由著名的人寿保险推销员弗兰克·贝特格根据自己多年的成功经历所写的。这本书一经出版，就超越了以往推销行业书籍的销售量。在这本书中，弗兰克用事实证明的"热忱"的巨大力量，深深吸引了每一个读者。

这本书告诉我们一个秘密：**缺乏热忱**，是我们成功之路上最大的绊脚石！我们分享一下贝特格在他的著作中列举出来的经验：

"1907年，我刚转入职业棒球队不久，就遭到了有生以来最大的打击——我被开除了。经理执意要我走，他找我谈话，说：'我看不到你在棒球场上应该有的表现。你慢吞吞的样子让我怀疑你是一个年老体衰者，你好像在棒球场上已经混了20多年了，没有一点激情。老实说弗兰克，你如果还是这个状态，我可以保证，你到哪里都不会有出路。'经理的话让我开始反思自己。的确，我在打球的时候没有付出丁点激情，我提不起精神，无法全力以赴地投入。这应该是我老是失利的原因吧。我离开了职业棒球队。

"在职业棒球队的时候，我的月薪是175美元。被开除后我加入了亚特兰斯克球队，月薪锐减为25美元。薪水少到这个程度，可想而知我对比赛更加没有热情了。但是这一次，我却想逼自己一把。我要努力去做，希望会有好的结果。

"大约10天之后，老队员丁尼·密亨把我介绍到了新凡队。在这里，我的一生开始有了一个重大的转折。

"在新凡队我是崭新的，这里没有人认识我，我过去的情况他们一无所知。于是我下定决心，汲取以前的教训，争取把自己变成新英格兰最生龙活虎的球员。为了实现这一目标，我要付诸热忱，积极行动。

"热忱使我爆发了潜能。我在赛场上就好像全身充满了电，

我每一次劲爆的投球，都让接球的人胆怯。有一次，我强悍地冲入三垒，对方的三垒手直接就吓懵了。球被漏接，我破垒成功。我在气温高达40摄氏度的赛场上跑来跑去，我没有中暑倒下这真是一个奇迹。

"热忱带来的效率和结果是令人吃惊的。在热忱的强烈推动下，我仿佛一颗升起的太阳，积极而充满光芒。我心中所有的恐惧在阳光的照射下都消失了，我浑身燃烧着力量！我强烈的热忱感染了其他的队员，大家也都积极而热烈起来！我们的能量得到了充分的发挥，这真是一副欣欣向荣的景象！

"第二天的报纸上说：'那位新加入的贝特格，就好像一团燃烧的火，全队的人都被他点燃了，大家充满了火热的战斗力，他们大获全胜，而且这场比赛，是本赛季最精彩的一场比赛！'当我看到这段话的时候，我的兴奋那是不可言表的。

"这就是热忱的力量，它带动着我，让我的月薪由25美元上升为185美元，多了7倍！

"持续两年，我一直担任三垒手。薪水增加了30倍之多。是的，我的成功秘诀就是：投入无限的热忱，而没有其他的原因。"

后来，贝特格因手臂受伤，被迫放弃了他的棒球事业。他加入到菲特烈人寿保险公司做保险推销员。第一年，他没有业绩可言。当他在苦恼中思索到答案时，他就像在新凡棒球队那样，重新发挥出热忱，并由此一发不可收拾。

贝特格成了人寿保险界鼎鼎大名的推销员，他创造的奇迹几乎成了传说。有人请他撰稿，有人请他演讲，大家都渴求他分享成功的销售经验。贝格特说："我做了30年的推销员，见过形形色色的人，凡是在工作中抱以热忱态度的，他们的收入都是越来越高的，反之，我也见过无数的人，因为对工作缺乏热情，做不出什么成绩，最后以失败告终。所以我坚信，热忱的态度，是成功的必然因素。"

4．让我们变得充满热忱

热忱的效果是惊人的，它足以改变我们的命运。它让我们离目标越来越近，最终走向属于我们的成功。热忱对每一个人都有功效，包括你的丈夫。通过我们上述谈论到的那些案例，我们可以得出如下结论：

首先我们要坚信，无论做什么事情，热忱的态度是必不可少的。热忱就好比发动机，它的力量可以让任何人都充满动力，勇往直前，取得胜利！

乐队指挥鲍勃·克劳斯贝的儿子在接受采访的时候说，他的父亲和他的叔叔平·克劳斯贝"每天都在愉快地工作且在永远地坚持"。

记者继续问他："在你长大之后，你希望自己会怎么样呢？"

"当然是像他们一样，充满快乐和激情地去工作！"年纪尚小的克劳斯贝愉快地说。

我们都喜欢对工作具有热忱的人。他会感染我们一同快乐，

然后大家都会被带动着积极起来，甚至周围的环境也会跟着变得充满激情和力量。愉快地工作，是我们都需要的！

所以，如果我们想要让自己、让丈夫出人头地，那么，我们就要认识到热忱的力量。我们要学会激发自身这股庞大的力量，学会运用它，让它为我们的生活工作创造奇迹。那么，在下一章我将带给大家六个方法，教会大家如何去激发丈夫的热忱。

第4章　成功的商数

我一直相信，优秀的男人是需要女人来成就的。当然，前提是你要真正地爱他，发自内心地欣赏他，这样才能激发他的潜能，而不是去抱怨他、嘲讽他，毁灭他的热情。爱与激励可以让你爱的男人更加强大，而抱怨只会让他越来越恶劣。这么说，你想要什么样的丈夫，你的心里应该有答案了。从此刻开始，向他伸出双手吧，鼓励他、赞赏他，相信他的优秀会发挥出无限潜能，创造出你想要的生活。如果你还是不知道怎么做，就请试试我给你的这六个方法：如何提高男人的"成功商数"。

我目睹这六个方法曾让许多有需要的男人一步一步走向了成功。只要我们认真去应用它，它就会给我们带来意想不到的惊喜结果。

我们开始来实验，应用以下这六条法则，让提高"成功商数"成为现实。

1. 培养责任感

很多人在重复性的枯燥工作中，已经感觉不到了自己与工作的重要性。他们就好像是机器的零部件，依附在庞大的组织构架里，没有自我，每天只是机械地运转，重复上一日的内容，他们已经麻木到失去学习和创造的意识。

你还记得那个富有哲理的故事吗？

两个人在一起工作，有人问他们在做什么，其中一个说："我在砌砖块。"而另一个的回答却是："我在建造一座美丽的城堡。" 这两句话很普通，但是却描述出了不同的内心世界。听到第一句话，我们没有什么特殊的感觉："哦，他在砌砖块"；但是，第二句话却让我们的脑海里不由自主地出现了一座宏伟美丽的城堡！这就是热忱焕发出来的感染力！所以，好好热爱你的工作吧，全力以赴地去体验它，它会给你带来百倍的热情和信心。

我有过这样的切身经验，为了准备一篇几百字的文章，我要花费好几个星期去搜集资料。事实上，这些资料在文章中并不会出现，但它们会储存在我的大脑中，让我在写这篇文章的时候充满百倍的信心和热忱，它们让我胸有成竹，让我运筹帷幄。也正是这些当时用不到的资料让我具备了实力，让我的文章增加了权威性。这个体验是快乐的，相信有人也像我一样体验过。

不管你现在从事的是什么工作，你要懂得培养工作的责任感和对工作认知的重要性。即便你在一家臭味冲天的肥皂厂打杂，你也要竭尽全力地去学习它的工作流程。你要相信，你的每一份付出与准备，都会在最佳的时候给你带来转机乃至成就。

我在很多培训课上训练推销员的时候，都会把产品的生产制造过程告诉给他们。这起到了不可忽视的作用。推销员对产品的了解，增加了他们在推销过程中的权威性和自信心，从而让客户对产品和销售人员产生了热情和信任，这会比那些对产品欠缺了解、自身缺乏自信的推销员，成功的概率高出好多倍。所以，对工作流程和对产品生产的了解，是创造良好业绩的前提。

我们想要把一件事做出成绩，就要对这件事产生浓厚的兴趣。我们只有了解它、掌握它，才会具备十足的信心去做好它。所以，你应该帮助你爱的丈夫，唤醒他对工作的热情度，让他知道自己会给这份工作带来什么样的贡献，这样他才会在工作的过程当中，体会到成就感并发挥出才能，把这份工作做到独一无二。

2. 制定目标，耐心地完成

无论我们做什么，只要我们想要获得成功，就必须具有坚韧不拔的精神。我们要专注于设立好的目标，就像雄鹰盯住了野兔那样锲而不舍。一个明确自己奋斗目标的人，虽然也会经历挫折和失败，但是他不会因此而气馁，他会更加努力奋进，直至成功。

本杰明·富兰克林说："每个人都应该认可他的工作和职

业，并且耐心地去做，这样他就会取得成功。"

我们要在工作中把目标明确化，分析清楚我们的理想和抱负是什么。关于这一点，你和你的丈夫要认真地去思考、讨论，你们要首先尝试完成近期的目标，而不是漫无天际地去做白日梦。

英国诗人撒母耳·泰勒·柯尔雷基就毁在了这个严重的错误里。他一生写过很多诗，遗憾的是大部分都没有完成。他的才华被他数不清的念头分散得太凌乱了，这产生不了一点价值。在他死后，他的朋友理查·兰姆说："柯尔雷基死了，他留下了4万多篇有关形而上学和神学的论文，但可惜的是，没有一篇是完成的！"

3. 每天都给自己加油打气

每天早上醒来都给自己加油！这个方法看起来好像很幼稚，但其实是，许多相当成功的人士，都发现这是一个建立良好信心和热情的开端。

卡腾堡是个新闻分析家，年轻时在法国当过推销员，每天都要拜访无数的客户、面对无数次的拒绝，这真的是一个严峻的考验。每天出门前，卡腾堡都要对自己大声地说出一番鼓励的话，直到他信心百倍，热情高涨。

同样的，魔术大师荷华·塞斯顿也是在每一次出场前跳跃欢呼："我爱我的观众！"他首先把自己感染得热血沸腾，然后才会走到舞台上，把他全部的热情奉献给观众。这样的感染力，让他的观众迅速地就沸腾起来。

大部分的人每天都是浑浑噩噩的，这不是我们想要的。我们可以唤醒自己，让自己具备创造力。鼓励你的丈夫，让他每天早上大声地对自己说："我热爱我的工作，我要把我全部的能力发挥出来！我喜欢我自己！我要这样高兴地活着，充满热情地度过每一天！"

4. 树立"为别人服务"的思想

树立"为别人服务"的思想，这对于每一个追求进步的人来说，无疑是必备的基本素质。

当一个员工时刻以自己为中心，一边关心着工作时间，一边关心着薪水，这种人注定了是不受欢迎的，这种人格与成功无缘。

为别人服务会让我们产生成就感，这种社会责任心让我们充实而快乐。很多人，他们不以自我为中心，宁可选择低薪，也要从事为社会服务或者传教的工作，这就是例证。帮助别人也是我们成功的源泉。

如果每一个人都乐于向对方伸出双手，而不是悄悄伸出脚去绊倒别人，那么我们自身的成功率也会增加。

5. 结交热心的朋友

爱默生说："我需要一股力量，来推动我去做我想做的事。"

你挚爱的人、你优秀的朋友，都是给你这股力量的人。良好

的品格会相互影响、共同激励。所以，结交优秀的朋友，而非那些有不良品格的人。

做你丈夫最好的朋友，鼓励他、赞美他，激发他潜在的高贵品格。我们改变不了外在的环境，但是内在的改变却可以撼动世界。

帕西·H·怀亨先生在《销售的五大原则》中提出过一个极有价值的忠告。他说："避免和那些消极的人在一起，他们缺乏热情，闷闷不乐，他们每天的脚步和心思就是消磨时间，与他们交往会浪费人生。"

6. 让热心工作成为一种习惯。

让热心工作成为一种习惯。威廉·詹姆斯教授早在好多年之前，就在哈佛大学教导这个哲理。我个人也非常认可这个哲理并且照此去做。

"我们要养成一个习惯，"詹姆斯教授在哈佛大学教学时说，"你就假装已经具有了这个习惯，并且按照这个习惯去工作，你就很快拥有这个习惯。比如，你想要快乐的工作，你立刻假装快乐起来，不多久你就真的会快乐起来，并且带着快乐进行工作。反过来，如果你的心里充满忧伤，你就会进入忧伤的工作。你想要什么样的情绪，完全取决于你自己而不是外在。但是我们最需要的是热忱，那就首先让我们热忱起来吧。"

弗兰克·贝特格也说过，任何一个人都可以应用这个法则改变他的一生。这是许多成功者的经验。

· 第二篇 ·
与爱人一起成长

第1章　倾听爱人的心声

1. 与爱人共渡难关

比尔·琼斯的事业遭到了重大的危机：债权人围堵催债，银行支票无法兑现。他陷入深深的焦虑和害怕之中。更难过的是，他所有的焦虑无法和他的太太一起来分担，他害怕一向以他为荣的太太会因为他的失败遭受打击，掉入耻辱和绝望之中，从此远离幸福。于是1950年12月的一天，这个叫比尔·琼斯的男人，从芝加哥一栋5层高的楼顶一跃而下，想要结束自己。

戏剧性的是，比尔·琼斯穿透了底楼窗上的遮阳篷，掉在了人行道上。他所遭受的最大伤害也只不过是擦破了大拇指的指甲，让人觉得滑稽的是，那个承担了他生命重量的遮阳篷，是他唯一付清款项的东西。

当比尔·琼斯清楚地意识到自己居然还活着，他感到前所未有的兴奋。在大难不死这一奇迹面前，他感到之前的麻烦通通都微不足道了。几分钟以前他还觉得生命一无是处，但是现在，他为自己还活着深深感动。

当比尔·琼斯的太太第一次听到丈夫向她吐露心事，并且是一个死里逃生的的心事时，她剧烈地慌乱了。等她平静下来，她坐在丈夫的身边，开始与他讨论如何去解决困难。直到此刻，敞开心扉的比尔·琼斯才开始前所未有地轻松起来，思路也开始清晰，有了正确思考的能力。他意识到以前没有把自己的麻烦告诉他的太太，是件多么愚蠢的事。

比尔·琼斯从此学会了与他的太太一起面对困难解决问题，就像他们一起分享胜利的果实一样。她成了他最好的事业伙伴。他的事业再次成功，所有的欠款也都偿还清楚。他们深刻体会到，并肩作战是多么值得庆幸的事情。

的确，很多男人，比如比尔·琼斯，他们都有一个错误的观念，认为自己是个顶天立地的大男人，理所应当地与太太分享事业的成功，却隐瞒一切的挫折与失败，他们不愿让她们看到自己的软弱，不想让她们的小脑瓜里充满忧虑。但是事实证明，这种想法是多么可笑。他们不明白，太太会永远给他支持、给他帮助，而不是嘲笑他。所以，无论遇到什么，学会与你的太太分享，相信她有这个能力与你一起并肩作战。她是你人生中最好的伙伴。

2. 妻子的职责

但是，不得不考虑的是，让男人们形成那种错误观念的，往往都是太太自己。当丈夫想把自己遇到的困扰告诉她时，太太们通常表现出敷衍、嘲笑，甚至是抛弃。于是，男人宁可选择沉默。

《财富》杂志曾在1951年的秋天刊出过一份针对公司员工妻子的调查报告，当中引用了一位心理学家说的话："妻子们所能做的最重要的一件事，就是让丈夫对你倾诉苦恼。"

妻子们如果掌握了这一点，就是丈夫最佳的灵魂伙伴。同时妻子们要记住，你要做的只是他最主动、最善巧的倾听者，而不需要给他任何的劝告和指点。

职业女性们都有这样一个体验，无论你在外面发生了什么，只要回到家里可以跟你的爱人尽情地去倾诉，你所有不快乐的情绪就都会好起来。能够跟他倾诉，这真是值得欣慰的一件事。工作中，我们无法对所发生的一切发表见解，没有人会愿意浪费时间来给我们各种意见。所以，我们真的需要回到家里可以痛痛快快地发泄一番，而我们最佳的倾听者，就是我们的爱人。所以在这一点上，有职业素养的女性会对丈夫表现出同理心，会主动帮助他一起解决问题。

但是，现实当中我们大多会看到这样的场景：

比尔回到家，兴奋地对妻子说："亲爱的梅尔，今天我太幸运了！这是一个特殊的、伟大的日子！我所做的那份报告被董事会看好，他们让我把建议讲解出来，并且……"

也许比尔的下一句话是老板要给他加薪，但是他的太太却漠不关心地说："是吗，亲爱的？哦，那真好，但是你先吃饭吧，吃完饭去告诉那个修理火炉的人，他需要过来给我们的火炉换零件。还有，出门的时候顺便把垃圾带出去。"

比尔说："哦，好的，亲爱的。刚才我说……董事会要听我的建议，我很激动，他们终于注意到我了，我的努力……"

梅尔说："我就说他们不够重视你。哦，比尔，我们的小儿子成绩又下滑了，老师说他需要继续努力。我觉得你必须得跟他谈一谈，我对他真的是没有办法了。你找到火炉维修工回来时，不要忘记再买点奶酪，晚餐用的好像不够了。"

比尔满腔热情的话语只好就着晚饭吞咽下去。他知道在这场发言权争夺战中他是抢不过太太的，这好像是所有女人的的专利。他草草地吃完了饭，然后带着沮丧的心情去完成太太交付的所有任务：扔掉垃圾、找修炉工修理火炉、买回奶酪、找小儿子谈谈关于成绩的事。

也许你会问：难道梅尔自私得只顾自己的问题吗？难道梅尔自己不需要倾诉吗？不，梅尔没有错，她同样需要倾诉，只是她把时间顺序弄错了。我们每一个人都要学会首先做一个良好的倾听者，然后才是倾诉者，让对方把他的情绪抒发完，这样的结果会是令人满意的。

我的切身经验是：善于倾听是女人最吸引人的魅力之一。善

于倾听的能力不仅可以让你的丈夫得到宽慰和安心,更加可以让你收获无法估量的社会资源。当我们微笑着,身体微微前倾,动情地对对方所说的每一句话产生兴趣时,你已经完全地俘获了对方的心。你会得到爱、欣赏和尊重,这可以让我们获得成功。

谈话当中最让我们开心的,往往是对方能完全听懂我们所要表达的意思,并对此感兴趣。一个懂礼貌的男人如此,一个受人喜爱的女人同样如此。虽然有些时候我们可能会听到一些无聊的话语,但是耐心听下来,我们仍然可以收获很多以前所没有的知识。

有位女演员叫蒙娜·罗伊,她在接手联合国教科文组织代表的工作后,曾在《纽约先锋论坛报》发表过一篇文章,她说:"我已经意识到,倾听和学习是多么重要的事情!我在倾听各国代表的谈话中,学习到了关于那些国家的很多知识。做一个具有智慧的倾听者,用心去学习,不要封闭自己,这是我取得事业成功的经验!"

3. 做一个"好听众"

让我们每一个人都成为一个"好听众",这绝对是值得我们骄傲的能力。让我们努力来"修炼"吧,只要你具备三个硬件"设施",就很容易修炼成一个"好听众",是哪三个硬件设施呢?

第一,投入身心。

我们去倾听对方的时候,不能只是用耳朵,我们同时要投入眼睛，投入面孔，投入身体。

想象一下，我们正在听对方谈话。我们用眼睛专注地看着他，面部表情随着他的表述而不断地产生变化，我们的身体微微地倾向于他，他会怎么样？答案是，他会感觉到他的谈话被我们重视，他因此更愿意向我们敞开心扉。

让对方感觉到你在认真地聆听，他的情绪将会是积极主动的，他会对你敞开心扉，而你也可以进一步捕获他的心，同时获取更多你想要的信息。

魅力训练专家玛乔丽·威尔森告诉我们："谈话当中，听众需要看到你的反应。如果你是无动于衷的，谈话者就不会把对话进行得很好，甚至会中断。你要用心地去聆听，当你听到心动的地方，你的眼睛、面部表情、身体都要做出相应的反应。这时候，谈话者会感到你的心弦被他拨动了，他获得了你的鼓励，谈话将是愉快和可持续的。"

成为一个好听众是需要训练的，这必须经由训练成为我们的习惯，最后成为我们的素养。

第二，循循善诱。

循循善诱是一个技术性的谈话方式。你必须有目的性地去巧妙发问，以激发对方把内心里早就存在的一个特殊答案，非常主动地告诉你。切记不要直截了当，这会让对方在心里迅速地设立起一道屏障，本来没什么问题的事，也会犹豫不决地不想再开口。所以，技巧性的诱导谈话，可以有效地帮助谈话愉快地进行下去。

你来看一下问话的不同方式:"你是如何处理此类问题的",这个直截了当的问话方式会让人产生抵触情绪;"您觉得,此类问题会有更好的处理方法吗?"这就是循循善诱的谈话方式,把一切主动留给对方,但是你仍然在引导着谈话的方向。

谈话是一门艺术。掌握谈话的技巧是成为一个好听众的首要条件。如果我们想要对方主动地把他的想法说出来,就要使用一些技术性的谈话方式,在你的循循诱导下,他很高兴地把话告诉你,你们之间的谈话充满了黏合性。这真的是让人兴奋的结果。

有些时候我们这样问话:"亲爱的,你觉得我们再投入这样花费巨额的广告,会增加我们的销售还是会给我们带来危机?"这种问话方式体现的不是强硬的劝阻,而是一种柔和的引导,他会进行多方位的思考,然后给出最好的答案。

如果我们现在面对的是陌生的客户,谈话首先就要打破拘谨和沉闷。我们可以试着从天气开始,渐渐地把话题引到你要的思路上来。当他对你开始滔滔不绝时,你们的信任已经开始产生了。

第三,保守秘密。

说白了,绝大多数男人不愿意和妻子讨论工作和事业上的问题,原因是太多的妻子们有一个共同的特点,就是管不住自己的嘴巴。她会在无意识当中把丈夫的事情说给美发师听,说给朋友们听,丈夫的秘密就这样轻易地从她的耳朵里进,不经大脑,从嘴巴里泄露出来了。

有些时候,你真的不知道你的秘密是怎么被对手掌握的。有一次，约翰在桥牌桌上随口说了一句，等他的上司退休后他就会得到公司经理的职位。就这么随口一句，约翰就被竞争对手挤掉了，原因是他的太太随口把这句话告诉了竞争对手的太太。

谈论公司的业务情况，一定要看清场合，那些在鸡尾酒会上、超市里大声谈论业务情况的人，真的是太让人讨厌了，尤其不分场合炫耀丈夫工作情况的女人，的确让人轻蔑。

我们还要避免这样的情况：利用丈夫对你的信任，把他每次对你说的话，当成你们产生争吵时制约他的工具。这样下来，丈夫会觉得跟你分享工作的喜忧，反倒成了让你掌握他的把柄，以便在某些场合来制约他。所以，当他面对任何问题时，他不会再"骚扰你"，而是反感甚至躲避你。这对你们的婚姻可真的不是一个良好的信号。亲爱的女士，从此刻记住，如果你爱他就要成就他，而不是利用他的软肋攻击他，不要做他的第一个敌人。

同时，你也不必以为，为了获取他的好感和信赖，就要对他的工作细节了解得越细越好，其实不然。那些细节不是我们关心的，那是他的事，你只需要对他的工作表示发自内心的感兴趣，和他具有同理心，当他谈论他的工作时，提高你的注意力，仅此而已。这个可爱的男人就会觉得你是上帝赐予他的知音，爱就这样产生了。

有个做会计师的男人对我说过这样一句话："我的她真是一个奇妙的女人，她对我的会计工作一窍不通，但是她喜欢听我向她讨论我的工作和困扰。每次在她的面前述说之后，我往往能立刻找到解决问题的方法，对我来说，太太能给我这样的感觉真的

是太美妙了！"

　　经过我的了解，会计师的太太只是做到了我上述所说的那三点：兴趣，同理心，注意力，从而获得了丈夫对她的信任和依赖。一对敏感而耐心的耳朵、一张表情丰富的脸孔、一对闪亮的眼睛，会使一个普通的女人散发出无比吸引人的光彩，这会给她的丈夫带来好运。

第2章　他需要你的赞美

1. 不要吝啬你的赞美

如果你对你的丈夫说"你无论如何也不会成功",相信我,他很快就会成为一摊烂泥,而这摊烂泥正是你亲手制造的。

男人女人都具备两个特质:一个是真实的自己,另一个是理想中的自己。充满智慧的爱人能将对方这两种形象合二为一,使他(她)成为一个更加优秀的人。

任何一个男人都渴望成功,就像任何一个女人都渴望漂亮。男人需要女人来激励,来克服本性里的弱点。女人需要男人赞美,来让自己容光焕发。如果你的男人很容易羞怯,你激励他、夸赞他,他会变得勇敢;如果他缺乏动力,你激励他、夸赞他,他会像发动机加满了油;如果你要他所向披靡,亲爱的,用你的爱、你的激情,点燃他吧,他会是你的英雄!

女人最温柔的力量,就是要帮助你爱的男人,成为他理想中的自己!这需要智慧。切记不要拿他跟任何人比较,他是独一无二的!不管他曾失败过多少次,请不要挑剔他、打击他,温柔地鼓励他、赞美他,让他男人的血性得以恢复,他还会是一个铁血战士!

相信我,当他听到你在他耳边动情地说"你真棒!你真了不起!我以你为荣,爱死你啦",他内心里的受用和激动你根本无法想象。

每一个成功的男人心里都藏着一个他可以为之付出一切的女人,而这个女人绝对是一直点燃他而不是打击他的那一个。我们听听派克斯货运和装备公司的老板派克斯先生是怎么评价这一点的:

"我确信这一点,优秀的男人需要女人来成就!"派克斯先生给我讲述他的故事,"一个男人不仅完全可以在他爱的女人的鼓励下,成为他理想中的人,也可以成为她期望的那个人。事情的前提是你们要有爱!一切建立在功利与自私前提的,都不会取得最终的成功。自从我成立了公司,在我打算任用某一个人之前,我一定会和他的太太见面谈话。我绝对不会把我的重要职务,交给一个妻子自私狭隘、悲观消极的男人。妻子的人生观,足以左右丈夫的事业成败。我欣赏那些智慧、乐观、积极、充满活力的妻子,他们的丈夫也一定是充满动力的。她会鼓励丈夫把我交给他的任务做好!我对此深信不疑,因为我本身就是一个这样的例子。

"我的太太出身优渥，受过良好的教育，她有一个富足而快乐的家。她爱上我，我很荣幸。但是我的生活是很窘迫的，我没有上过几天学，更不要说有什么资产。我除了有一颗年轻的雄心壮志，有妻子对我的爱和信任，其他一无所有。我不知道我能带给她什么。

"结婚的最初几年，我经历了好几次失败和挫折，这对我的打击真的很深。但是我的太太却没有对我失望，她一直激励我、鼓舞我，让我相信失败只是暂时的，让我相信我有能力重新站起来。她的爱和支持给了我莫大的动力，我一鼓作气，在最艰难的时候开始扭转局面。终于，我取得了成就。

"我生命中所有的成功，都归功于我的太太，她是我一切动力的源泉。后来几年她身体患病，但是她仍然保持快乐，她每天都想着如何更好地去辅助我。每天早上我离开家门，她都会说：'亲爱的，今天有什么事情需要我为你做好？'每天我回到家，都会和她聊一聊当天的情况。得到她的理解和支持，是我最大的安慰。我祈求上帝让她好好的，让她永远不要对我失望。"

大多数的女人都做不到派克斯太太那样，所以有些不幸只能说是自己带来的。你充分了解你的丈夫吗？他的优势在哪儿，不足在哪儿？你应该激励的是他的强项，而不是要超过他的能力范围。你不能自私地只想着要他满足你的需求，比如房子，比如车子，我们要用爱和鼓励去激发他，相信他会越来越好，会朝着你所期待的方向发展，这就足够了。

2. 每个人都想成为理想中的样子

帮助你爱的男人成为他理想中的样子。让男人越来越优秀的方法只有一个：鼓励他、赞美他，激发他的潜质而不是打压他。只有这样，你才能逐渐成就他。

就连最怯懦的男人，当你对他说："这件事情这么难，但是你做到了，你太了不起了！"他也会觉得自己是个英雄，下一次会做得更好，会从此向你敞开心扉，因为他渴望你的鼓励和赞美给予他更多的力量！

毁灭一个男人只需要对他说"你真没用！"像这种具有杀伤力的话，绝对不可以说，你必须用一些美好的话语去鼓舞他。

如果他真的失败了，他的老板、合伙人或者他自己，都已经很深刻地告诉他了，所以，当他回到家里，在餐桌旁、在床上，你只需要给他暖暖的鼓励就好，那些埋怨沮丧的话不需要再从你的嘴巴里吐露出来。

"用你的爱温暖他，告诉他一定能行，你期待他下次的成功。"这是美国《四海杂志》上的一段话。

这绝对是真理。一个充满智慧的女人经过思考，对面临困境的丈夫说出适当的话，足以改变这个男人对整件事的看法，或者迅速地帮助他做出扭转局面的决定，使他带动所有的事情变得好起来。这是千真万确的，值得每一个女性去学习修炼。

我们来说说"二战"期间的英雄汤姆·琼斯顿吧。

汤姆·琼斯顿在战争中负过伤,这使他的一条腿稍有残疾,且腿上疤痕累累。值得庆幸的是,这一切没有阻碍他享受最喜爱的运动——游泳。

战争结束后,汤姆复员。有一天他跟太太去汉景顿海滩度假,他们愉快地冲浪,惬意地在沙滩上晒太阳。然后,汤姆无意中发现了一个情景:大家都在用奇怪的眼光注视他那条伤痕累累的腿。这让汤姆的心很受伤,他知道自己这条稍有残疾的腿太惹眼了。

又一个星期天,太太想要再去海滩度假,汤姆拒绝了,他说他宁可待在家里也不要再去海滩。细心的太太立刻明白了汤姆的心思,她温柔地对丈夫说:"我知道你腿上的疤痕让你产生了自卑,但是亲爱的,正是这些疤痕,说明了你曾经是位英雄,你为世界的和平做出过贡献,这是值得我们骄傲和自豪的!"

汤姆·琼斯顿先生后来说:"太太当时的这句话就像阳光,一下照亮了我灰暗的心。我心里充满了喜悦。是的,这些伤疤是我作为一个勇士的徽章,它们的存在说明了我曾为世界的和平战斗过,我是一名英雄,不是自卑的小人物!我要骄傲地带着它们,去往任何一个地方。"

3. 赞美产生积极的影响。

波士顿商会销售代表俱乐部曾经举办过一场为期5天的销售课程培训，大约500名销售人员参加了这一培训。培训会的最后一晚有一个特殊的环节，所有销售人员的太太都被邀请来参加。太太们通过这个前所未有的课程掌握了一项技能：如何让她们的丈夫越来越优秀，如何提高他们的销售业绩。

《过个新生活》一书的作者大卫·盖·鲍尔博士在演讲中说："每天早晨送他出门工作的时候，你要点燃他的信心和激情，让他有智慧、有勇气面对一切。鼓励他、赞美他，即使他今天喜欢穿的衣服已经不再时尚，但是告诉他，他有多么潇洒，多么风度翩翩，你为他的风采骄傲。绝对不要提及前一天晚上的宴会中，他不经意的失礼，那会打击他的信心。记住，你要做的是在早晨的美好时光里，帮助他提升士气，告诉他今天所发生的一切都会是美好的，告诉他会征服每一位顾客，因为他太优秀了，他会把一切都做好。"

鲍尔博士这么杰出的销售顾问都相信这种方法神奇的效果，我们是不是更应该去掌握它、使用它，让我们获得一个更快乐、更成功的丈夫呢？如果你留心观察，世界各地因为使用这种方法而使灰暗的失败转为成功的例子多不胜数，《人文学年鉴》中这种例子比比皆是。

赫伯逊先生是一个杰出的桥牌手。他刚到美国的时候，无论做什么都失败，直到他娶了一位迷人的名叫约瑟芬·狄伦的桥牌老师后，他的运气开始改变了。她发自内心地赞美和鼓励他，因为她相信他是一个极具潜力的桥牌天才。在约瑟芬·狄伦的鼓励下，赫伯逊也相信自己具有这方面的能力，于是他选择桥牌作为自己的终身职业，并一举成名。

真诚的赞美和激励，是给男人的加油利器，妻子们，爱他就要去尝试。赞美和鼓励一定会使男人发挥出最大能力，会让他变得更优秀、更成功。

第3章 做他最忠实的信徒

1. 向亨利·福特的太太学习

19世纪的美国密歇根州，汽车之父亨利·福特还年轻，他以一周11美元的薪水在电灯公司做技工。每天辛苦工作10个小时后，亨利下班回到家，就扎进一间旧屋子里，用半个晚上的时间研究设计一种新的汽车引擎。

几乎所有的人都在嘲笑他，他们认为这个年轻的技工是个笨蛋，其中包括亨利的父亲。身为农民的父亲，更是认定儿子在浪费时间，他不会设计出什么东西来的。

幸运的是，亨利有一个忠实的粉丝：他年轻的太太，只有她无条件地相信他，无论白天有多么忙碌，当晚上来临丈夫回到家，太太都会在小屋子里帮他做研究。冬季的夜晚又冷又黑，太太的牙齿在寒冷中发抖，手也冻成了黑紫色，但是这个可爱的女人毫不动摇地陪在丈夫身边，给他提着煤油灯。她坚信她的丈夫，他设计的引擎一定会成功。亨利深受感动，他亲昵地称她是自己的忠实信徒。

历时三年艰苦的工作后，终于，这个异想天开的设计成果在1893年的那一天、亨利30岁生日的前夕，有了历史性的突破。那天傍晚，邻居们被一连串奇怪的声音惊动了，他们纷纷跑到窗口，去看是什么怪物发出如此惊人的声响。结果，他们看到那个奇怪的年轻人和他的太太，正坐在一辆没有马匹拉着的马车上，轰隆隆、摇晃晃地在路上前进。

美国的一项新工业在那一历史时刻诞生了，这将给这个国家甚至世界带来什么样的影响大家是可想而知的。亨利·福特被全球誉为"汽车之父"，那么他可爱的太太——他的忠实信徒，是不是值得我们崇敬和学习的"汽车之母"？

在他年老以后，有人问他下一辈子希望能有什么成就。福特先生说："只要我的太太还能跟我在一起，那么我所有的希望都会变成成就。我只希望她能跟我永远在一起。"他的太太，这位忠实的信徒是福特先生永远的动力。

2. 每个男人都需要一个"信徒"

我坚信这句话。每一个男人都需要一个无论在什么环境下，都可以用信心、用爱来忠诚护卫着他的女人。这个女人不一定是他的妻子，也许是他的母亲，也许是他的知己。她护卫的是他的灵魂和他的信念。危机之中、失败面前，给他一个深深的拥抱、

一个坚定的鼓励,是男人屹立不倒的理由。他需要她的信任给他的灵魂注入动力,让他建立起奋发向上的决心。他会觉得自己顶天立地,没有任何困难可以打败他。反过来,如果连他最爱的女人都不信任他,还有谁可以信任他、给他力量呢?

做他忠实的信徒吧,用信任给你爱的男人注入动力,让他恢复信心,永不言败,这是信任的特质。

我们还有一个很好的例子,是关于推销员罗伯特·杜培雷的。

罗伯特·杜培雷是一名保险推销员,但是事情有点不尽人意,无论他怎么努力,他的订单都少得可怜。这让罗伯特很是担忧,他变得紧张而焦虑。他认为他胜任不了这份工作,他必须辞职,否则他会精神崩溃。

"一切都糟糕透了。失败的感觉让我无地自容,我必须逃离它,但是陶乐丝——我的太太她不这么认为。她始终觉得我可以做好这份工作,而且会取得好成绩,只是我还没找到方法。她告诉我下次一定会成功,挫折只是暂时的,她让我坚持,让我相信自己会成为一个成功的推销员。"罗伯特这样对我说。

"在接下来的时间里,陶乐丝让我注意自己的言行举止,并为我准备了得体的衣装。她每天不断地赞美我的风度和气质,让我相信自己绝对是一个优秀的推销员,因为我的身上具备这个才华和品质!陶乐丝每天给我加油,给我最温暖、最坚强的鼓励。她不希望我放弃,因为她坚信我会成功。'只要你努力,一切都不是问题!'这是陶乐丝对我说的。

"我不能辜负她对我的信任，最关键的是，当我重新开始我的推销工作时，陶乐丝对我的信任起了巨大的作用，我坚信自己一定能行，因为我有一位忠实的信徒！"

"我知道我还需继续努力，但是我也知道我一定会成功，因为在陶乐丝的鼓励下，我已经走在了通往成功的道路上。"

是的，我们都看到了，陶乐丝给他的丈夫带来了什么样的动力，有这样的太太是男人的福气。在她们的维护下，每一个男人都是永不言败的勇士，即便偶尔经历挫折，她们也会为他清理失败的情绪，让他恢复战斗精神，重返竞争激烈的战场。如果雇用员工，我愿意雇用拥有这种太太的员工。

3. 做他的引擎

伟大的俄籍音乐家西盖·洛克曼尼诺夫在25岁的时候就已成名，但是年轻自负使他随即写的一首交响乐很不成功，各种负面的批评纷纷而来。西盖接受不了这种打击，落入失败的沮丧之中无法自拔。他的朋友带他去找心理专家尼古拉斯·达尔医生。达尔医生反复地对他说："你的身上潜藏着巨大的能量，你会创造出伟大的作品。"

事实证明达尔医生的话深深刺激了洛克曼尼诺夫的灵魂，他的信心被激发起来。仅仅半年多之后，伟大的《C小调第二号协奏曲》就诞生了。这首曲子首次公演几乎轰动了所有的人。洛克曼尼诺夫把这首曲子题献给达尔医生，感谢他让自己再次步入成功之路。

当我们遭遇了挫折,它的确会削减我们的锐气,但是不要一蹶不振,你要不断地告诉自己:"这一切都会过去,这点困难不会打倒你!你一定会找到原因和方法,重新取得胜利!"

对于每一个人而言,赞美和鼓励就像将燃油注入发动机,它让我们内心的引擎充满动力,让我们在失败和困难面前重新站起身,一鼓作气取得胜利。

所以,每一个爱着丈夫的妻子,对他抱以最坚定的信心吧。你不仅要用眼睛,更要用你的内心、你的挚爱去发觉丈夫身上存在的特殊光点,然后用你最动听的语言和爱的行动去激发他、鼓励他,让他这些特殊的光点转换成无限的动力,去实现你们共同的理想。

· 第三篇 ·
你是他的推动力

第1章　最佳合伙人

1. 最信赖的伙伴

一位活力四射、时尚而阳光的女士扛着一把猎枪跳上了公共汽车,这发生在纽约的一个再普通不过的早晨。

乘客们感到不安,这是在拍摄影视剧吗?但是没有看到任何摄影剧组的工作人员。气氛有些紧张,直到汽车到站,这位时尚霸气的女士平静地扛着猎枪跳下了车,大家才纷纷吐了口气。哦,这真是个怪人。

这位时尚的美女叫爱多丽亚·费云。她在公共汽车上的这一幕,只不过是在帮助她的丈夫,把顾客赊账买来的猎枪送回原来的店里去。

爱多丽亚最爱做的事情就是帮助丈夫梅尔·费云开展他的家用电器销售工作。她经常想出一些新颖的小点子来帮助梅尔,促使梅尔迅速成长为一位非常优秀的推销员,所以丈夫昵称爱多丽亚是他的"星期五女郎"。他的生活、工作无不因为有了这位可爱的"星期五女郎"而充满激情和兴奋。他们是一对愉快的合作伙伴,梅尔因为有这位"星期五女郎"的帮助,总能轻松愉快地发挥出他的全部才能,使他的事业蒸蒸日上。

为了给梅尔·费云节省时间,爱多丽亚学会了打字,这样梅尔就不需要操心大量的信件。爱多丽亚还学会了开车,成为梅尔免费的美女司机。她载着梅尔·费云,把他从纽约的时报广场送到了旧金山,她无比骄傲地说:"这对梅尔来说是件简单的事,但是对于我来说,长途驾驶真的是一次奇妙的体验。我喜欢这种与丈夫并肩作战的感觉!"

爱多丽亚·费云有许多个人爱好,但多数都是围绕着丈夫的事业展开。她为梅尔的电器销售展会收集陈列品,其中有许多旧熨斗已经达到150年的历史。她亲自为展会画了许多彩色的海报,获得了意想不到的效果。

妻子的热爱和付出,让梅尔·费云在成功之中收获了更多的兴奋。在一次梅尔的销售会讲话结束后,观众之中有人问:"今晚您的讲话,最感兴趣的人是您的太太,然后才是推销员吧?"梅尔骄傲地回答:"那是肯定的。"

爱多丽亚对丈夫的付出,成了费云先生最好的广告,客户也非常赞赏他的"星期五女郎"。费云先生把他可爱的太太当成终生唯一的事业伙伴。

2. 为他的工作助力

多数女人没有想过帮助丈夫做事。也许她们会说:"他不是雇了女助理吗?她们可是拿薪水的。我即便做了,公司也不给我薪水啊,我干吗要给他当这个免费的助手?"

太太们也许会认为,事业是男人的,不关自己的事。但是她们忘记了一点,她们给丈夫的动力,会让他走得更高、更快;那些取得的成功果实,丈夫会更加乐意与她分享。这同时也是增加他们凝聚力的好方法。

所以女士们,更深入地了解丈夫的工作,看看他的工作性质是什么,从中找到你可以为他带来帮助的地方,力所能及地去做,为他减轻负担、节省时间,让他有更多的精力去做更有价值的事情,例如,帮他整理资料、打字、处理信件、写报告等等。相信我,他会感激你的,他会从你的身上汲取更多的动力,直到取得属于你们的成功。

也许有的女性朋友会说,我有许多家务要做,我有孩子需要照顾,我做不了他的"星期五女郎"。事实上,真的有许多女性,有效地处理了一切琐事,还没耽误成为丈夫的好助手,成为他们事业成功的推动力。没有人强迫你去做这些,当然如果你希望能与丈夫共同进步,他会欢迎你的。所以,倾听他的心声,找到他需要你帮助的地方,与他一起飞翔吧。

有个成功的妻子曾说过:"如果丈夫需要,没有哪个女人会忙得没法去帮助他。我们完全可以把家务事做好，留出时间做他最好的事业伙伴，这也是体现我们自身价值的地方。而且你放心，当丈夫回到家里来，他会非常开心地与你一起处理家务。"

贝拉·德拉斯太太就是我们的榜样。她的丈夫是名医生，经营着一家诊所。当丈夫缺助手时，她便会及时地补上去。她上午有条不紊地处理家务，下午则帮助丈夫处理诊所的工作，做得非常出色。丈夫说："对于每一位需要我诊治的病人来说，太太像我一样关注着他们的健康。"

3."星期五女郎"

相爱的夫妻是共同体。如果妻子投入到丈夫的工作里，他们的兴趣会结合在一起，这对于两个人来说都是件非常开心的事情。因为有共同的话题，所以他们能够在处理事情时投入更多的精力，把事物处理得更好。

"星期五女郎"不仅减轻了男人的工作，帮助他们获得了成功，也让她们自身找到了成就感。英籍小说家安东尼·特洛罗柏曾经说过："我的原稿付印之前，除了我的太太，没有人批评过一个字，因为我的太太不知道已经帮我审阅过多少遍了。太太的鉴赏力给了我最直接的帮助。"

相同的例子还有法国作家阿尔冯云·道狄。他是一个惧怕婚姻的人，总是担心结婚会使他的想象力迟钝，但事实证明，自从他认识了朱丽·亚拉得，他才知道他以前的想法是多么可笑。他和朱丽结婚之后，创造出了前所未有的好作品。这都取决于朱丽

较强的文学鉴赏力，凡经过她修改并润饰的文章，没有一篇不成功的，这也得到了道狄深深的认可。

瑞士伟大的博物学家哈柏是蜂类研究的权威，他少年时期眼睛失明，后来在妻子的帮助下，研究博物历史并且成名。这一切全都归功于他的妻子一直在做他的眼睛。

我们可能对丈夫的工作或者事业不太了解，但是只要我们想要去帮助他，只要我们用心，这都是可以解决的问题。我们与他一起学习，终会成为一对充满智慧和快乐的伴侣。

所以，学习和进步，永远是一个优秀女人重要的品格。

4. 最重要的盟友

事实证明，妻子对丈夫的工作内容越了解，对丈夫起到的激励作用就越大，从而也决定了丈夫能否在这项工作上取得更好的成绩。有许多的企业已经掌握了这个秘诀，所以他们的培训内容转向了如何让雇员的太太获得这些常识。

利里·杜礼柏茶杯公司的总经理道斯谢先生，率先突破了让太太们接受培训的难题，他通过诸如影片、演讲、小册子、出版物等方式，把公司的各项知识内容提供给职员的给太太们，他说："这会让女士们因为了解，而对本公司的业务情不自禁地产生兴趣。"这些对公司业务感兴趣的妻子，最后会成为丈夫的盟友，当然也成为丈夫雇主的盟友。更何况，女人的嘴巴是多么有效且免费的广告宣传媒体啊。

瑞士欧尔利康市有个机械制造公司，举办了这么一次活动，他们安排职员的太太参观公司，全程由公司的工作人员给她们讲解各种制造程序。这个活动是成功的，因为不久之后公司的经理就接到了许多来自于太太们的改进建议。她们的参与，让公司获得了新的力量。

许多的美国公司也竞相采用这种方法，例如美国的布雷克皮鞋公司，安排太太们对公司进行参观访问，从而鼓励太太们对公司提出建议和看法，这对公司的发展壮大起到了良好的促进作用，她们都成了公司的盟友。

最著名的一个例子是《今日女性》杂志中提到一位女人，她参加丈夫所在的家用器具公司主办的参观访问。当她看到丈夫在那个高过人头的机器旁工作时，她有了一个想法，她问丈夫："为什么这个机器不用脚踏板来替代那个高过人头的杠杆呢？这样可以降低工作的难度从而提高工作效率。"丈夫觉得这个想法很合理，就告诉了他的老板，结果这个建议被付诸实施，生产力增加了20%，丈夫由此获得了350美元的奖金。

男人把生命的大部分时间都奉献给工作，但是女人们从没有在这件事情上进行过思考，她们觉得一切都是理所当然的，好像男人天生的使命就是来工作的。如果妻子能充分理解丈夫的辛苦付出，是为了更好地提高家庭的生活质量，那么她们就会发自内心地想去关怀和帮助丈夫。她们的帮助不仅可以减轻丈夫的负荷，还会让他收获成功，同时她自己也可以得到分享报酬的权利，赢得丈夫的尊重。

托尔斯泰在创作不朽文学名著《战争与和平》期间，他的太

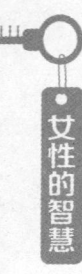

太曾经把这部作品亲手抄写过7遍，直到托尔斯泰把它整理得再无瑕疵。这样的合作伙伴，哪个丈夫不想拥有？

所以，尽你所能地去了解丈夫的工作，帮助他做任何一件他最需要帮助的事情，让你的爱成为他前进的动力，他会把工作做得更出色！

第2章　可怕的嫉妒

毋庸置疑，一个好的秘书是男人事业成功的得力助手，也是他工作当中最亲近的朋友。她知道他的喜怒哀乐，知道他的压力和成就感来自于哪里，她兢兢业业地照顾着他的工作细节甚至是琐事。她理解他的意念，了解他的情绪并帮他消除打击。她的工作范围可能是正在削着铅笔，又接到指令去接待来访者。有人说过，如果没有秘书的周到服务，美国的商业巨轮就不会转得如此平稳。但是这个角色，却往往是太太们所不喜欢的，因为几乎所有的秘书都是充满魅力的女性。

其实，对一个有远见的妻子来说，她和女秘书有着一个共同的目标，那就是要帮助这个男人获得成功，她们都关心这个最终的结果。这个男人的成功有女秘书的功劳，也有妻子的自豪。如果她们能够友好合作，共同努力，她们的目标会更快实现。但是如果她们是对立的，就会分散目标，甚至因为过多的干扰而导致

这个男人的事业走向失败。

事实上，妻子和女秘书朝着反方向相互较劲的确是经常发生的事，这真的让人苦恼。妻子们在暗中猜疑，嫉妒女秘书的优雅智慧，嫉妒她们对丈夫事业上的贡献，嫉妒丈夫似乎更依赖这个女人。一系列的嫉妒引起女秘书的反感，觉得妻子自私或多管闲事，于是就造成了两个人的对立。这对男人的工作来说可不是个好现象。

在这样的关系中，妻子和女秘书的观点同样重要。经验告诉我们，想要维持良好的关系，妻子的态度更具有决定性。对于女秘书来说，努力工作是她们的本职，她们希望和公司里的每个人愉快相处。妻子明白这些以后，应该与她友善相处，减少摩擦，提高她的工作效率，而不是给她制造麻烦。

1. 不要随意猜疑

妻子有些时候会认为自己的丈夫很有吸引力，值得追求，但这并不说明他就是女秘书追求的目标。这是一个心理误区。女秘书往往敬仰的只是老板的工作魄力，这跟在感情上相互吸引是不能相提并论的。我在工作中认识了许多女秘书，都是智慧而得体的女性。这么多年我只见过一个抢夺别人丈夫的女秘书，在我看来，这个女孩子不论做什么工作，都会做出这种事情来，并不是因为她是女秘书。

所以，当工作需要丈夫加班时，妻子就要谅解了。要知道他和女秘书绞尽脑汁地思考工作方案，总比跑到夜总会去喝香槟要好得多。妻子可以适时地提醒他们吃点东西,而不要随意猜疑。

2. 得体地与助理相处

女孩子在工作中打扮得职业靓丽,是出自于工作的需要,如果妻子们把这当成嫉妒的理由实在是没有必要。你想要打扮得比她更加漂亮也没人阻止你,通常你会有更多的时间和金钱来装扮自己。所以,与其把精力用到莫名其妙的嫉妒上,还不如想想如何让自己变得更加美丽迷人。

大家都喜欢漂亮迷人的女孩子,正常的男人尤其如此,但不能因此说男人都是色狼,这实在是无稽之谈。一个美丽热情的女秘书就像一束玫瑰花,她可以使办公室焕然一新,充满活力,这对工作是有益无害的。

有些太太嫉妒女秘书。她们总认为女秘书太轻松了,整天只是打扮得漂漂亮亮,坐在舒服的办公室里,除了对男人甜蜜地微笑之外,什么事也不会做,而她居然还能拿那么高的薪水。这实在是一种自以为是的曲解。她们的敬业、独当一面和为公司所做的贡献,只有她的上司最清楚。

3. 礼貌地对待女秘书

我们通常会明确助理的主要工作是什么。是的,她的工作中包含了替老板选购家人的礼物、安排业务上的各项应酬和招待、预订机票和酒店等内容,但是她的工作范围内不包含为老板的太太做一些私人的家务事。所以,如果你安排公司的女秘书利用午

饭后休息的时间为你购物、接送孩子,那实在是不礼貌的表现。

要知道,从事任何一项工作都是有尊严的。最愚蠢的太太总是端着老板夫人的架子,对女秘书颐指气使,显示自己的地位,这样的情景只会让女秘书轻视,甚至还会换来丈夫的厌恶。要知道,她是他的得力助手,你如此待她,无异于给丈夫的工作带来阻力,甚至会让他对你产生距离。保持教养和风度,永远是一个女人最大的魅力。

4. 与女秘书愉快相处

一个好的助手无形当中会为公司的发展带来很大的帮助,她是老板的左膀右臂,所以也会为太太带来好处。

我丈夫戴尔·卡耐基的女秘书玛丽琳·勃克小姐非常善解人意地在我们度假的时候为我们安排好许多琐事,她为我们订餐位、订戏票。我得到了她的许多帮助。她的工作是举足轻重的。我很尊敬她,我会经常赞美她,给她打电话说"谢谢",或者替她及她的家人精心挑选小礼物。女秘书体会到我对她的认可,她协助我丈夫的工作做得越来越出色。我与女秘书保持良好的交往关系,成为我变相帮助丈夫的一个好方法。

和丈夫的女秘书保持良好的外交关系,是我们能够帮助丈夫的一个重要途径。

我的朋友勃兰克太太对我说过,她在房地产公司任会计主任的丈夫遇到特别麻烦的事情时,他的女秘书都会给她打来电话。

女秘书会耐心地告诉勃兰克太太她的丈夫最近发生了什么,

他的工作压力有多大，他接下来会有什么难题需要解决，这将会耗费他许多精力等等。这样太太就会知道当丈夫回到家里，应该为他做些什么。于是她取消了不必要的应酬，为先生准备点心，温柔细心地陪他度过这段辛苦的日子。

勃兰克太太与女秘书配合得太巧妙了，关键是她们两个都认为，她们是勃兰克先生最好的盟友。

所以亲爱的女士，为了更好地帮助丈夫，记住上面我说的4条规则，与他的女秘书愉快地相处吧。

第3章　永远的学生

1. 做好晋升的准备

我们都希望在工作当中能够有晋升的机会,但是事实上很少有人在刚刚工作不久就会具有担任高职的能力。我们往往是一边工作,一边在努力地学习,积累工作经验,从而增加自己的各项能力。

一个人要想取得成就,最好的方法就是不断学习。而一个公司的经营者,也要利用各项人事制度,来制定公司的晋升机制,为不断上进的职员提供合理的晋升机会。

事实证明,许多取得成就的人都没有停止过学习。你能想象,原本是佛蒙特州的一名鞋匠查理斯·C.佛洛斯特,因为每天坚持学习一个小时,后来竟成为著名的数学家吗?

而木匠约翰·韩特也是利用工作之余研究比较解剖学,他每天晚上只睡4个小时，最终成为比较解剖学方面的权威学者。

史前学专家约翰·拉布克爵士曾是一名忙碌的银行家，他利用休闲的时间努力学习，最后成为他热爱的史前学专家。

火车头的发明是因为乔治·史蒂芬森在担任机械师值夜间班的时候，努力研究的结果。

而蒸汽机之父詹姆斯·瓦特，也是在一面靠制造工具维持生计，一面研究化学和数学，为我们创造了奇迹。

这种例子太多了，如果这些成功者一直安于现状，我们的历史就有可能改变，这对人类社会将是一个巨大的损失。同样，如果我们总是安于现状，就无法改变嫌弃薪水少的命运。

当丈夫在努力工作、努力研究、勤于学习以争取晋升机会的时候，我们是不是该用积极而肯定的态度，去鼓励他们呢？

2. 学会独处

我在夜校授课的时候，学员当中有许多已婚男士。他们每个星期用2~5个夜晚来学习课程。无疑，这些男士都是有抱负的人，他们在自己正从事或者准备从事的行业上，都表现出求知若渴的态度。

这时候，作为他的妻子，你就要学会如何独处，如何安排好自己的时间而不是以孤独为借口给先生拖后腿。

反之，如果你不能处理好自己的情绪，丈夫就会因为你的不愉快而感到内心不安，那么他们的学习、研究工作就会受到影响，这在很大程度上会给他们带来负面的影响。有的丈夫甚至因

为妻子抱怨被冷落在家里而放弃了学习，这实在是丈夫成功之路上的绊脚石。这种女人应该领悟到，丈夫之所以不能成功，自己是要负责任的。所以，在丈夫准备努力时，你要做的是理解他、支持他，安排好自己的时间而不是给带来他后顾之忧。

我们应该知道，每一个人不是天生就具备成功的能力，所有的成就背后都是我们一点一滴付出的努力。我们必须不断地学习、不断地进步，才能距离我们想要的成功越来越近。而且，时代是瞬息万变的，我们要跟得上时代的变化，适应新的潮流、法规，熟悉对手的策略，才能立于不败之地。这些，都需要我们去研究学习。

事实上，并不是每个人都能够得到理想中的高级职位，有些男人必须从事那些他们不太想做的工作。他们愿意训练自己，使自己具备更强的能力，这样就不会长久停留在低级的工作岗位上，这总是令人振奋的。

3. 海威希的故事

海威希是一位出色的律师。最早的时候，他在堪萨斯城一家贸易信托公司当小职员。后来，他移居到俄克拉荷马州的马歇尔市，进入壳牌石油公司工作。在那里，他爱上了市长的女儿爱芙琳·英格，两个人结了婚。

但是不久之后，美国爆发了经济大恐慌，公司为了生存而裁员，海威希也被解雇了。因为没有受过其他的训练，经验也不够，所以很难担任法律书记以外的工作，而这种工作在当时并不缺人手,没有一技之长的他只好接受了他所能做的唯一一份工作:以每小时40美分的报酬,在石油管道工程里挖壕沟。

他给我讲过他的故事,其中有一部分是这样的:

"我想尽一切办法来改善生活,我跟我太太都十分努力,日子总算还能过得去。后来,我又被壳牌石油公司雇用,转到俄克拉荷马州的吐萨市,在会计部门处理有关投资的文件工作。但是,我对会计工作一窍不通。于是我去了俄克拉荷马法律和会计学校,上夜校,学会计。这是我的明智之举,夜校里学到的会计知识很快就帮助了我。

"我就这样边工作边学习了3年,收益颇丰,薪水翻倍。我一鼓作气进入吐萨大学夜校学习法律系的课程。4年的时间我修完了全部学分,得到了学位并且通过了律师资格考试,从而成为一名合格的执业律师。

"但是我并没有就此停止学习,我又回到夜校准备参加会计师资格考试。研究高等会计3年多以后,我又学习了当众演讲的课程。这些年的不断学习带给我的重要收获是:我的能力突飞猛进,我的薪水比12年前高出了12倍!"

现在海威希先生除了在自己的律师事务所执业以外,还在他曾经就读的夜校俄克拉荷马法律和会计学校给学生授课,这是他的成就!

海威希先生的故事告诉我们,每一个人只有通过不断学习,才能最终获得成功。而面对一个愿意付出时间努力学习的男人,每一个太太都应该愉快地配合。

对于一个工作一整天、夜晚还要努力学习并且一坚持就是几年的男人来说，这不是一件轻松的事情。他会常常怀疑自己的选择，会失望和厌倦，他需要爱人的支持和鼓励，才不至于半途而废，所以，给他爱和支持吧，他需要你温暖的力量给他鼓舞！

所以说，你需要发动你的聪明才智做个好妻子。你的自我改进会让你成为一个快乐的人，最好的办法就是拟订自己的学习计划，与丈夫一起进步。

4．和他一起快乐地学习

如果时间合适，你最好和你的丈夫在同一个夜校学习。你可以学习你喜欢的课程，也可以学习跟他一样的课程。这样不仅增加了自己的知识储备，还可以更好地帮助丈夫开展以后的工作。更关键的是，学习可以让你充实起来，你的兴趣得到扩展，这真是一个增加自身价值、一举两得的好方法。

通过学习，你不会再感到孤单寂寞，你会体会到丈夫的努力，从而发自内心地理解和支持他。

即便你的丈夫在学校获得了学位，这并不表示他已经完成了所有的教育。教育是一个不断进步的过程。我们如果想要抓住每一个机会，就必须使用各种方法不断地学习。你的丈夫所学习的东西，由他所从事或是他所想从事的工作来决定，妻子只需要鼓励他去完成，并在这个计划中完全合作，这一点至关重要，每一个拖后腿的妻子，最后都会造成两败俱伤的后果。我们花在学习上的时间和金钱，对于家庭的前途是一种有意义的投资。

作为妻子，不要怀疑自己的付出是否值得。你对丈夫的支持与帮助多半可以得到成功的回报。因为，每一个国家，仍然是靠自立奋斗而成功的人的天下。

让我们看看这些杰出的人物，他们都是获得美国大学与学院联合会所颁发的何拉休·亚尔杰奖的优秀人才。

前总统赫伯特·胡佛，艾奥瓦州一个铁匠的孤儿；亨利·克隆上校，曾经当过电话接线员；IBM公司的董事长托马斯·沃森，担任过周薪2美元的图书员管理员；史都德贝克公司董事会的主席保罗·G.霍夫曼，曾经当过搬运工。他们无一例外，通过不断地学习改变了命运。

我们每一个人都可以抓住各种接受教育的机会，不断提升自己的能力，最终获得成功。

所以，如果你的丈夫正在做"学生"，你应该为此感到高兴，你要鼓励他继续努力，这样会大大增加他成功的机会。

哈佛大学最伟大的校长之一、A.劳伦斯·洛威博士曾说过这样一段话：

"真正地训练一个人，就是要让这个人自动地使用自己的脑子。你可以帮助他、引导他、暗示他、激励他，但是，只有他自己努力获得的东西才是最有价值的；他所获得的成果，和他所付出的努力成正比。"

第4章 共同迎接挑战

1. 在必要时挺身而出

约瑟夫·艾森堡在一家洗衣店当了25年的送货员,但是他突然被老板解雇了。

他没有受过特殊职业训练,而且已经是个中年人,想要再找个工作很困难。正当艾森堡发愁的时候,有一家面包店准备转让,价钱还算合理,艾森堡夫妇把自己所有的积蓄都投了进去。

起步阶段,艾森堡太太知道他们面对的困难,他们没有能力雇人帮忙,于是她全身心地投入进来,努力拓展业务。

她除了做家务,还必须在面包店中长时间地工作,帮丈夫招待客人,以及打扫卫生、洗刷碗柜、做饭。她每天要在面包店里站8~10个小时来接待顾客,这样的劳累足以使任何一个人感到泄气。

但是，珍妮·艾森堡说："我很高兴做这些事，而且毫无怨言。因为我知道，这是我丈夫重新闯出一片天地的好机会，我们努力去做，才能改变家庭的命运。

"现在，我们的面包店已经开业5年了，生意十分好。我们的经营很成功，而且扩展到了足够应付一切需要的规模，这是我们的事业，很值得骄傲！"

事实上，有许多家庭在碰到各种难题后，由于妻子不愿意与丈夫共渡难关，导致家庭的命运整个下滑。

许多女人都认为，丈夫应该肩负所有的责任，不论他的处境是好是坏。然而她们忘了，夫妻本是同体，有时候为了拖出陷在泥潭中的车子，妻子也需要付出努力。

威廉·R.柯门太太是一名护士。当她嫁给比尔·柯门先生的时候，比尔白天在公司工作，晚上则去夜校上课，以便获得高中毕业证书。为了支持比尔的学业，柯门太太婚后仍然继续当护士。她希望丈夫保持不缺课的纪录，所以就连她生下小女儿的那个晚上，她都坚持让丈夫送她到医院后再赶去上课。6年中，比尔没有错过一堂课。终于，他在母亲、妻子和女儿骄傲的注视中，获得了毕业证书。

比尔开始推销不锈钢厨具的时候，妻子充当他的助手。他们举办示范餐会，妻子做菜，比尔则在一边向人们推销。

后来，比尔的父亲去世，比尔和妻子买下了由他和兄弟一起继承的印刷厂。为了付款，他们向银行借钱。于是柯门太太又去当护士，帮助丈夫偿还这笔债款；而后的每个晚上和周末，她都

在印刷厂给比尔当助手。

"只要我们能够继续健康地工作，那么在5年以内，我们就可以付清房子和生意上的债款。一想到这里，我就感到很高兴。然后我将辞掉工作，为比尔和孩子们做好家务。"

事实上，柯门太太后来不仅帮助丈夫把生意做得风生水起，还同时拥有了自己的事业，她和丈夫的共同努力，让他们的家庭有了很好的经济基础。

2. 创造生活的意义

家庭生活有时会出现危机，例如欠债、疾病，或是失业。当我们面对这些难题的时候，作为妻子的我们不能逃避，而是要挺身而出，为家庭的幸福去工作。

我认识一位女士，她是乔纳森·威特·史坦太太，她和先生及5个孩子住在新泽西州。当她的家庭不幸面临这种情况的时候，她就做得很好，她甚至为整个家庭创造了新的生活意义。

史坦先生是推销员。一场重病来袭，他失去了全力工作的能力。为了养活这个大家庭，妻子必须和他共同面对挑战。

史坦太太没有特殊的技能，她唯一擅长的就是制作餐点，例如各类蛋糕、甜点等。她以前也常常替朋友们做一些特别的餐点，但那只是因为她喜欢做。现在，玛格丽特·史坦把她心里的想法告诉了朋友。所以，当她的朋友开宴会的时候，都特意请她去帮忙。她做出来的餐点精致而可口，得到了人们的称赞。于是，她的订单开始源源不断地产生了。她开始训练助手来帮助她，到了后来丈夫和孩子们也全都参与进来。她的生意越做越大，玛格丽特成为专为酒席制作餐点的名人，并且担任了她所在城市的宴席顾问。

玛格丽特·史坦取得了成功，史坦先生也全身心投入到妻子的事业中来，当上了营业经理，他和妻子完美地合作着。

"我对财务上的事情不感兴趣，"史坦太太说，"我的精力放在创造新的方法，来准备供应我的特制餐点上。所有生意上的细节只能交给我的丈夫来完成，这可真是一项最伟大的事业。"

每一个人都无法预料将来会发生什么意料之外的困难，使家庭的经济来源突然中断，尤其家庭主妇，可能得亲自去赚钱来维持家庭的开支。所以我们及时地充实自己，让自己具备一技之长，一旦将来发生意外，你就会有足够的准备，去面对这个紧急变化。

· 第四篇 ·
适应是一种能力

第1章　不要惧怕改变

每个人的一生都要面对许多改变，例如工作环境、家庭变迁、人际关系等。惧怕改变或者拒绝改变，会是成功路上的绊脚石。经常会有男人抱怨，由于妻子不肯离开熟悉的环境，而把自己束缚在了原地，失去了事业发展的良机。

有位总经理朋友告诉过我，他公司有一个很有前途的年轻职员，好不容易争取到晋升的机会，但由于要到外地发展，妻子舍不得离开自己的父母亲和她熟悉的环境，最终导致他伤心地放弃了这次晋升的机会。人的一生，有几次这样的机会啊？

的确，一个稳定的家庭，一下搬到陌生的环境去生活工作，确实需要很大的勇气和能力，但如果有一个适应能力很强的妻子，就可以相对容易地克服这些障碍。我们来看看弗吉尼亚州诺福克市的雷伦德·克西纳太太的故事：

"我的丈夫应征到海军去服役，离开我们新近布置好的家。

一想到我要带着我的小儿子跑遍全国各地，我就觉得这是件糟糕透顶的事情。我对未来的两年充满了恐惧，因为这两年看起来是个巨大、浪费时间的空白，我不知道我将要面对什么。当我们迁移到第一个驻地的时候，我心里所感觉到的全都是悲伤。

"但是现在我不这样想了。我们已经随军搬了好几次家。我过去的想法实在是太孩子气了。我们正计划丈夫退伍后永久定居的事情，这让我对期待已久的未来感到很激动。但是我必须承认，当我要告别这种生活方式的时候，我居然是有点伤心的。在过去的两年中，我的生活并没有像我一开始想象得那样悲伤，相反我非常愉快，我学会了生活在不同类型的人群之间，学会了容忍和了解那些与我们不同的人。我学会了忽视不愉快的事情，并且接纳它并转变它，而且我深刻地意识到，建立一个快乐的家庭，需要的不是一大堆器具和用品，而是你自己的爱心、谅解和温暖，尤其是在任何情况下都要尽自己最大的努力去把事情做好。"

如果你也面临从熟悉的环境搬到一个新地方的困扰，那么希望你记住下面这4条建议。

1. 接纳

新环境和旧环境是完全不同的，我们首先学会愉快地接纳。要知道，新的环境和新的工作，会给我们带来更多的发展机会。

2. 适应

放开胆子去尝试，也许你会有意想不到的收获。

有一年夏天，我丈夫到怀俄明州立大学去授课。我们没有找到房子，只好暂住到为退伍军人和他们的家眷建立的简易房里。我对那个地方提不起一点兴致。

但是后来，那个地方却成了我生命中最值得纪念的地方之一。那里的房子很容易清理，邻居都很友好。年轻的男人和女人一同去学校上课，共同养育孩子。他们把并不富裕的生活过得愉快而热烈，每一件家居用品都可以发挥最大的作用。这种充实的生活使得我对自己当初的想法感到惭愧。

那年夏天，我们结识了许多好朋友，我深刻地体会到，成功和幸福与物质的多寡并无关系。

3. 包容和耐心

有位先生盼来了期待已久的晋升，需要迁到一个小工业城去居住。但是，她的太太只在这个小城待了24个小时，就迫不及待地整理行装回到他们原来的家里，因为丈夫晋升所加的薪水只够请一名女佣。她不愿意去尝试，最后丈夫也只好申请调回原来的工作岗位。

4. 利用新机会

如果我们搬到了一个新地方,与其抱怨你暂时不能适应的环境,不如积极乐观起来,去参加更多的活动,结识更多的朋友。我们改变不了环境,但是我们可以改变自己,让自己变得更适应。要知道,这个世界上,根本没有十全十美的地方。

卡特尔石油公司的地球物理专家瓦特森夫妇,带着孩子们待过世界上的许多角落。他们曾住过世界上最遥远荒凉的地区,但是他们却过得很舒服而快乐。他们的幸福、和谐,真的是许多家庭所无法比拟的。

瓦特森太太说:"家庭是心灵和精神的休憩所,但是调职命令一来,我就马上整装出发。我和丈夫、孩子们都发现,这世界上的任何一个地方都可以供我们学习、享受和成长,但是需要你学会用心去寻找它们。适应新环境的最好方法,就是在那个陌生的地方,利用最佳的机会,获取新的知识和快乐,而不是整天沉浸在抱怨的忧郁里。"

所以,如果你的家庭因为事业的需要而搬来搬去,那么记住上面的建议,愉快地跟着他跑吧。老是住在同一个地方,思想会发霉的。

第2章　忘情地工作是一种快乐

我的老朋友过来看我。他很疲倦，也很不快乐。

他说："6个月来，我每天加班工作，想设立一家分公司。每天，我都很晚回家，因为我想尽早完成这件艰难的工作，然后就可以正常回家了。但是我的太太海伦对于我不回家吃饭、不能一起出去逛街很不高兴，她的抱怨让我提不起精神来。要知道，建立这个新公司，对我们两个人都非常重要，但是她不理解我。这让我很沮丧，我几乎没有办法全心全意做我的工作。"

工作和家庭两方面的压力，让他心力交瘁。

我想起以前，当时我的丈夫戴尔正在赶写一本书。那段时间内，他虽然整天待在家里写作，但是我却很少看到他，因为他把自己关在书房里，每天埋头写到半夜，非常辛苦。

为了赶进度，他不能与我一起去参加社交活动，不能一起娱乐，但是幸运的是，我和朋友们都能理解他。

那段时间我也很孤独，但是丈夫戴尔更辛苦，生活过得特别没规律，连吃东西、休息、呼吸新鲜空气都成为一种奢侈。我一个人参加了一些俱乐部，经常去看望我们的朋友，努力培养自己更多的兴趣，我尽量充分安排我的时间而不去打扰他。

不可思议的是，他的那本书就这样顺利写完了，我们又回到了以前的生活，他用加倍的时间来陪伴我。

男人们都会遇到不同寻常的压力，我们应该像护士、保镖、精神支柱那样站在他的身边，咬紧牙关去帮助他，相信一切会很快过去。那么我们应该如何帮助他，让他尽可能轻松地度过这些日子呢？

以下几个方法相信对每一个人都有效。

1. 准备好合适的食物

经常为他准备一些容易消化的小点心，如烤苹果、果汁、蛋糕、沙拉、芹菜和胡萝卜等，这些东西容易消化，而且又富含维生素，可以帮助他提高免疫力。或者你可以找医生商量，如何为他准备增加体力的食物。

2. 安排好自己的娱乐计划

你要学会让自己在社交上变得有分量，不依赖丈夫也会成为一位受欢迎的人。你要尝试做些以前没有时间做的事情，例如参观画廊、听听音乐会、参加自修课程，或是去夜校学习。这将会给你带来许多好处，并且使你的丈夫不必担忧你的寂寞。

3. 和朋友们一起支持他

让你们的老朋友知道你们的情况,他们会理解他暂时离开社交圈的原因而不会去打扰他。你们的全力支持和鼓励,会使他的工作进行得更顺利,他会更加喜欢你、体贴你,你们之间的感情也将日益深厚。

4. 提醒你自己这只是暂时的

如果你可以证明自己能轻松地完成这些事,那么在这个大工程完成以后,你们将可以过着有如第二次蜜月般的甜蜜生活。

第3章　爱他的不平凡

1. 特殊的工作时间

有位男士在一家著名的管弦乐团担任演奏家，他们的音乐会大都在晚上举行。这个男人热爱自己的工作，而且薪水很高。

但是他的太太却一直不能适应他的工作时间。她说服了丈夫，让他放弃乐团的职位，换了一份推销家庭用品的工作，但是这份工作完全不适合他，所以钱赚得越来越少。对此，他很不满意，不仅自身失去了成功的机会，而且还为他们的婚姻埋下了隐患。

对于必须在非正常时间工作的男人，或者是在工作上有特殊需要的男人，如出租车司机、铁路或轮船职员、飞行员等，一个能够适应他的妻子是必要的，有助于维持婚姻的美满。

她们明白，不可能每件事情都心想事成，所以坦然面对并接

受这些情况，在设法维持家庭稳定的情况下，快乐地生活。

2. 不要羡慕别人的生活

不要羡慕别人的生活，每一个太太的光环背后，都有她需要承担的压力。罗维尔·汤姆士夫人可以告诉你，在国际上，很少有男人比她丈夫更加出名。她丈夫是一名资深的新闻广播员、探险家、投资者、作家、大学讲师、运动家，他的事迹像天方夜谭中的故事一样吸引人。

弗兰西斯·汤姆士是他的太太，这是一个具有伟大才华和魅力的女人，她能像变色龙那样，多才多艺地按照丈夫的需要来改变自己。在第一次世界大战以后，她的丈夫在世界各地讲授"阿拉伯的劳伦斯"以及"阿伦比在巴勒斯坦的战役"，她为此做了许多事情，如为丈夫的讲课作曲，以及充当旅行中的助理经纪人。她跟随着丈夫几乎跑遍了全世界。

后来他们返回美国，曾在她丈夫的书里出现过的许多人物，如探险家、飞行员、军人以及其他许多杰出的人物，都纷纷来拜访。罗维尔·汤姆士夫人成了全美国最忙的女主人之一。她不停地在家里安排招待宴会，每一个周末都会有50～200位宾客参加，热闹非凡。

但是，罗维尔·汤姆士夫人同时也承担着常人所不能想象的压力。每一次丈夫外出，她都会忍受忧虑的折磨。第一次世界大战以后，德国革命期间，她从报社听到丈夫在采访巷战时受了致命的重伤；1926年，丈夫乘坐的飞机在西班牙的沙漠中失事。罗维尔·汤姆士夫人远在巴黎，在忧虑的煎熬中等待消息。

不久前，罗维尔·汤姆士经过西藏的山区受了重伤。他被当地人背在肩上走了20多天，最后才离开喜马拉雅山。这种受尽精神折磨的日子，你或我能忍受得了吗？

现在，罗维尔·汤姆士的独子小罗维尔·汤姆士也追随父亲，迈出了探险的脚步。汤姆士夫人在为丈夫忧虑的同时，又多了一位要担心的人。

做个像罗维尔·汤姆士那种传奇人物的太太，不是一件轻松愉快的事。只有不平凡的女人，才配得上不平凡的丈夫。

3. 只有不平凡的女人，才配得上不平凡的丈夫

当你挤在人群里看州长游行的时候，你是不是也曾经羡慕地想要和抱满玫瑰花的州长夫人换个位置？但是你觉得她轻松吗？

马里兰州州长夫人席尔德·麦凯丁说，她这个位置充满了困难和不舒服。她是一个完美的太太：文静、温柔、娴雅，具有一切女性的美好特点。但是自从她搬进州长官邸之后，整个生活情况完全改变了。麦凯丁州长起早贪黑地忙碌，让她连见上丈夫一面都成为奢求。

麦凯丁夫人说，只有在陪丈夫旅行，或者出去演讲的时候，她才能与丈夫在旅途中一起享受到乐趣。

所以，优秀的太太不仅能为丈夫争光，还能忍受名声和地位所带来的种种不便。

如果你也有这种情况，你可以设法应用下列几项原则：

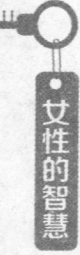

第一，面对暂时性的情况，笑一笑，忍耐一下，相信很快都会过去。

第二，面对长期性的情况，坦然接受它，设法改进它，会另有收获。

第三，丈夫的成功也是你的成功，与他一起愉快地努力吧。

第四，世界上从没有，也不会有一份工作是只有快乐和幸福的。每一种生活方式都有它的优点和缺点。总是抱怨生活中的缺陷，即使拥有最理想的环境，也得不到满足。

第4章 在家工作也很快乐

1. 让家庭成为工作和娱乐的好地方

大多数人的工作是在办公室或者工厂里进行的，这样太太们相对来说会轻松些，她可以在家里自由安排家务活动。但是也有一部分的男人，是需要在家里工作的，这就需要妻子懂得如何配合和照应。

家务事每天都有，而丈夫又需要长期在家里办公，那么家务的处理就成了一个技术性的问题，因为你要时刻谨记，隔壁的书房里还有位正在埋头钻研的先生。你必须克制住一边做家务一边引吭高歌的习惯；你必须克制住不羁的行为，要踮起脚跟静悄悄地在房间里行走；你必须接受他的请求，关掉正用到一半的真空吸尘器；你也不能邀请朋友来家里吃饭，因为嘈杂声会妨碍他的工作。

所有的一切，都需要你完全地去适应他。你要对他有足够的爱心和耐心，要时常保持良好的心情，并且下定决心去努力做到，只有这样你才能维持家务和丈夫工作的和谐并存。

让我们来看看凯瑟琳·吉里斯的例子吧。

凯瑟琳的丈夫唐·吉里斯是一位作曲家，担任NBC交响乐团广播音乐会的制作指导。他的交响乐作品曾被美国和欧洲主要的交响乐团演奏过，也曾被亚瑟·费德罗和阿图罗·托斯卡尼尼这些大师指挥演出过。尽管他很年轻，但是已取得了令人惊异的成功。

他的朋友们都知道，妻子凯瑟琳在她先生光辉的生涯中，扮演了一个十分重要的角色。

唐·吉里斯的大部分音乐作品都是在家里创作完成的，而且他更喜欢在餐厅的桌子上进行创作而不是在三楼的书房。温柔、娴雅的凯瑟琳并不在乎这一点，她微笑着说她只不过是"在他身边工作"而已。同时，她还要照料两个小家伙，安排他们做一些不会转移旁人注意力的事，以免他们太吵闹。

在凯瑟琳·吉里斯的努力下，他们的家变成了工作和娱乐的好地方。她经常自制冰激凌、甜美的蛋糕以及其他点心，但是却严格控制家里食物的消耗，一方面节省开支，一方面限制家人的食物热量。

正如许多艺术家那样，唐·吉里斯也受到了财政预算和家庭经济的困扰，所以凯瑟琳还是他的业务经纪人。她帮丈夫决定接受哪一份合约，家里应该节省多少钱，以及如何增加家庭收入。

当他需要一套新衣服的时候,她也会提醒他,并且帮他去订做。

凯瑟琳说:"妻子成功地处理好丈夫在家里工作的问题,其实并不容易,但是一旦习惯了,也会变得很有意思。如果唐在录音室工作,整天都不在家,我反而会非常想他,我是多么习惯有他在我身边啊。"

2. 有效率地工作

这是凯瑟琳提出来帮助丈夫在家里有效率地工作的几个简单规则:

第一,给他制造舒服的环境,然后去做你自己的事情,抑制住你想要时不时进去看看他的冲动。

第二,不要在他工作的时候去打扰他,不要听到门铃响了大声地叫他去开门,不要叫他去给不小心摔倒的孩子擦眼泪,不要吩咐他去给送货的工人付款……这些事情你自己来做就可以。他在家是为了工作,不是当你的家务助理。你要当他就像不在家那样,除非房子着火了。

第三,他的工作也会有进行得不顺利的时候,他可能会很紧张不安。帮助他、安慰他,让他保持冷静和温和的心情。

第四,配合他的时间来安排你的社交计划。如果你不能完全把他隔离开来,就不要在他工作的时候招待朋友到家里来。

第五,帮助丈夫安排好他的工作时间,让孩子们痛快玩耍的时间也不会被限制。要知道,正常而健康的孩子,不可能整天都静静地待着的。他们的父亲也懂这个道理。大家的权利都受到重

视,每个人就都会快乐。

这些规则都很简单,但是都很有效。戴尔和我结婚8年以来,他所有的写作都是在家里完成的,所以我很了解这些规则。如果你有个一天24小时都待在家里的丈夫,不妨试试这个秘诀。

第5章　你和他的事业不冲突

1. 女人的价值生涯

如果你有自己的工作或事业，你若放弃它可以带给你丈夫更多的好处，你愿意放弃吗？这真的是一个比较纠结的问题。

帮助丈夫获得成功，本身就是一项非常需要专业合作精神的工作，你要坚信成就他对于你们的婚姻家庭是一件非常重要的事，这有一些前提，就是你与你的丈夫三观一致吗？你们的兴趣和目标一致吗？你们的爱情经得住考验吗？

著名探险家卡维士·威尔斯先生的太太、碧眼金发的查泰女士，在认识未来丈夫的时候，拥有一份非常令人羡慕的职业。

查泰是一位成功的广播与演讲经纪人，她的工作使她能接触许多名人，并从中获得极大的乐趣。卡维士·威尔斯也是因业务关系而认识查泰，他爱上她并且和她结了婚。查泰完全可以继续

从事她喜欢的工作，完全可以独立自由。

婚礼之后，卡维士·威尔斯要动身前往苏联和土耳其，准备攀登阿拉拉特山。快要启程的时候，本来希望留在家里工作的查泰，竟然没有办法让自己独自留下来。

"这一次，我和你一起去吧。"她说，于是他们一同出发去探险了。那是一次艰难而充满挫折的旅程，但是那次历险使卡维士写出了畅销书《卡普特》。

当查泰重新回到自己的工作岗位以后，她发觉这些工作和探险比起来，真是太没有意思了，她曾经和卡维士共同出生入死过啊。于是，在一年半以后，她又和卡维士一同前往墨西哥去爬山。这又是一次严酷的体能考验。查泰和丈夫大部分的时间都在寒冷、饥饿、疲惫和惊吓之中度过，但是她同时也感受到了前所未有的兴奋。

查泰在山顶的寒风中深刻地了解到，作为卡维士·威尔斯的妻子，他们在一起获得的成功，比她自己在工作上所能得到的任何成功，都更有价值。

从墨西哥回来以后，查泰关掉了自己的办公室。她随着丈夫到地球最远的地方去旅行。他们的工作也是生活，就是一部彩色的历险游记。

查泰·威尔斯说："拥有自己的事业是非常重要的事情，但是当我和卡维士共享他的那些丰富经验时，我觉得自己的视野是多么的乏味和狭窄啊。我们培养了共同的兴趣和爱好，我们共享胜利和成功，也共同面对失望和麻烦。

"卡维士给了我最大的嘉勉，他在他《卡普特》那本书上写给我一句献辞：'献给我最好的朋友、我的妻子查泰。'丈夫给我的赞赏使我感受了巨大的成功和满足。我由此知道，他需要我和他在一起工作。我当初选择关掉我的办公室，这没有错。"

2. 成就他也成就自己

诚然，女人们必须具备工作的能力，用她们自己的努力来改变生活。因为生命是变化无常的，谁都不能够预知将来会发生什么，食物、房租、衣物、生病、死亡都是我们需要面对的。

如果夫妻双方的目标和兴趣一致，你们就会彼此成就。这样婚姻成功的机会就更大了，两个人都在为家庭努力付出，是一个非常好的方法。总之，我们所做的一切，都是因为我们爱这个家，我们以家庭的利益为重。

第6章 缩小你们的差距

1. 训练你的适应能力

海因斯先生是个很有前途的律师,他在当地的政治圈中十分活跃。他需要经常和人们见面,参加各种会议、集会以及社交活动、娱乐节目等。然而,他的新娘雪莉·海因斯却很害怕面对这些场面,用她的话说,她害羞到要死。她迫切地想要克服这种害怕、羞怯的心理,来符合她丈夫地位的需要。

可是她该怎么做呢?直到有一天,雪莉从杂志上看到了一段话:"人类只对自己最感兴趣。你在谈话中可以把注意力集中在别人身上,让他谈自己、谈他的困扰和他的成功。你就会忘记自己的存在,从而克服羞怯。"

这句话改变了雪莉·海因斯对事物的看法,她决定试一试,而这个方法也真的见效了。

她说:"我发现每一个人都有自己的困扰和烦恼。我真诚地对他们产生了兴趣,当我了解了他们之后,我开始喜欢上他们而不是感到羞怯与害怕了。我希望认识更多的新朋友,我和他们会相处得很愉快。而我的丈夫,他现在已经是州议会参议员了,我可以很好地配合他的每一次聚会,我为自己能够担负这一责任感到高兴。"

妻子如果具有一定的社交能力,无论丈夫的职业是什么,妻子都可以和旁人友好相处,这样可以大大增加丈夫成功的机会。

2. 好名声

无论你的丈夫现在从事什么工作,哪怕是比较低级的工作,也不要就此认为他不需要你的帮助。在商界、工界乃至政界成名的领导人物,以前也都是籍籍无名的年轻人,没有人一开始就站在最高峰。所以,从现在起,准备好为丈夫建立一个好名声,也许将来,他就是个领导人物。

马上就开始吧,克服自己的心理障碍,像雪莉·海因斯那样去做,学会喜欢、尊敬和欣赏别人,不要躲在那句老掉牙的"我不行"后面。只要你想改变,总可以学到方法。

3. 并肩前进

美国电影协会会长的夫人艾立克·琼斯顿说过这样一句话:"随时跟上丈夫事业前进的步伐,是婚姻幸福的关键。"

琼斯顿夫人写道:"也许你会认为,丈夫并不需要你随时跟

上他前进的事业步伐。但是我们谁都预料不到,他将来会发展成什么样子,请相信,无论如何他都会成功。如果他一直在前进,而你却停滞不前,当他需要你的时候,你却无能为力,这会成为你们感情的障碍。"

正是因为如此,聪明人会做好准备,随时提升自己。她们学习各项技能,学会有教养地与大家和睦相处,以便在丈夫需要的时候,弥补他的不足。

我采访过美国一家最大公司的人事主管,他愉快地告诉我,他有时候会因为太专注于自己的工作而忽略别人的感受。

"但是我的妻子,她永远不会因为自己太忙而忘了对我好。"他很骄傲地说。

"几天前,我气冲冲地跑到洗衣店里向老板吼叫,我要他按照我的要求来洗衣服。我不希望有丝毫偏差。他皱着眉看了我一会儿,然后才回答:'如果是你的太太来,我觉得事情会容易处理些。'"

这位主管说:"他们都很喜欢我的太太。她有爱心,待人和善。她很关心别人,并且不会让他们感到厌烦。

"她会用意大利语向那个卖水果的男人打招呼,会用希腊语和开店铺的邻居问好,他们热情地回应她,而根本都不理我,因为学会了他们的语言并愿意和他们打招呼的是她,而不是我。这就是为什么大家都喜欢她。"

我不认识这位太太,但是我真想认识她。

友善与和气的女人,是男人的无价资产。她是温暖的。像这样的女人，在丈夫事业迈向前进的时候，永远也不会被甩在丈夫后面，她是被丈夫指派到世界各地的"亲善大使"。

4. 帮助他走向成功

有许多简单的方法可以帮你为丈夫建立良好的社会基础，但这也是一门技术，需要经常练习。

"美国新闻广播人"协会会长的夫人汉斯·V.卡夫柏，在帮助丈夫方面真是绝顶聪明。

当我访问她的时候，她告诉我说，她有强烈的第六感，如果丈夫在宴会上的话题说错了方向，她会巧妙地抓住一个适当的时机，帮丈夫把话题转移过来，而不会让现场的气氛出现尴尬。

每一次丈夫的演讲结束之后，许多人都想和他握手谈论，这对他的健康很不利，卡夫柏夫人会在适当的时机引导他们，让他们愉快地离开。

有一次，在市政厅演讲完后，卡夫柏先生被听众的诸多问题包围了，卡夫柏夫人知道如果不马上结束的话，丈夫将会特别疲累，于是她站起来说："对不起朋友们，我有个问题。我想知道，卡夫柏先生什么时候可以回家吃中午饭。"听众们一下便明白了她的意思。

只要双方有足够的爱心和默契，妻子一定会成就出一位成功的丈夫，或者成就出一位她所希望的丈夫。但是适当地，我们也得给这个勇往直前的男人泼泼冷水，防止他产生骄傲和自满。

里曼·比彻·斯托是一名作家、大学讲师、编辑，他的祖母

荷里特·比彻·斯托写过著名小说《汤姆叔叔的小屋》。

"当我刚开始到大学教课的时候，"斯托先生说，"我的学生都很喜欢我，我在他们的眼里简直就是偶像。记得有一次在某大厦的奠基典礼上，我在一大群人面前演讲，我演讲得非常成功，我收获了热烈的掌声和赞美。我很陶醉，有点飘飘然了。

"我迫不及待地要回家去告诉我的太太，告诉她嫁给了一个多么伟大的天才。但是我的太太希尔达却对我进行了温和的批评，她对我微笑着说道：'真的是太棒了，亲爱的，但是那些出资盖这座大厦的人，似乎更值得赞扬。我相信你的演讲是在对他们表示敬意吧。'

"她说得太对了，我立刻清醒过来。我差一点就变成一个自大自负的小丑。希尔达在我骄傲得找不到方向的时候，及时地让我冷静下来。我要感谢她，是她让我认识到了自己，她对我以后的成功有着重大的贡献。"

希尔达曾经这么说："你千万不可被谄媚冲昏了头脑。除非你以后仍然努力，否则这些称赞过你的人，必将会抛弃你。"

以上我讲的这几位太太，都是充满智慧的女人。她们知道如何在婚姻生活中发挥自己最大的作用，成就丈夫，也成就自己。她们让自己诚实守信，让丈夫脚踏实地，有这样的太太，做丈夫的想不成功都难。

• 第五篇 •
是什么影响了你们

第1章 唠叨是一把刀

1. 挑剔和唠叨

"女人决定一个家庭的幸福。"陶乐丝·迪克斯写道,"一个家庭中,太太的脾气和性情,比任何事都重要。即使是一个拥有全部美德的女人,如果她脾气暴躁、唠叨不休、喜欢挑剔、个性孤僻,那么她所有的美德全都等于零了。这真是一个灾难。这样的女人会使丈夫失去斗志,感觉丧气,甚至放弃奋斗的机会。"

陶乐丝接着写道:"这是因为他的太太总是对他泼冷水,她不停地抱怨他为什么不能像她所认识的某个男人那样有钱,或者是谋到一个好职位。像这样的太太,无疑是一个隐形的的杀手。"

唠叨和挑剔带给家庭的不幸,比奢侈和浪费还要厉害。我们来听听心理学家是怎么说的吧。

著名的心理学家莱伟士·M.特曼博士对1500多对夫妇进行了详细的调查研究。结果显示，在所有丈夫的眼里，唠叨、挑剔是女人最大的缺点。盖洛普民意测验也得出了相同的结论：唠叨、挑剔被男人们列为女性缺点的首位。它会为家庭生活带来致命的伤害。

唠叨和挑剔似乎从远古的穴居时代开始，就是女人们的专利。传说，苏格拉底为了逃避他那脾气暴躁的太太兰西勃，大部分时间只能躲在雅典的树下思考哲理；法国皇帝拿破仑三世和美国总统亚伯拉罕·林肯，也都是备受妻子唠叨之苦的受害者；奥古斯都·恺撒忍受不了这种痛苦，和他的第二任妻子离婚。

女人总是想用唠叨的方式来改变身边的人，但是事实证明，从古至今这种方法都没有发生过效用，所以女人们醒醒吧。

有一位推销员，他几乎要被他的太太摧毁了。他每天热情地向人们推销他的产品，但是当他晚上回到家里，得到的不是太太的鼓励，而是一番嘲讽："我们的大天才，今天生意不错吧？赚了很多钱吧？还是只赚回来你们经理的一番训话？你应该记得，下个星期我们就要付房租了，是吧？"

这位男士在这样的压力下坚持奋斗，虽然时不时受到太太的嘲笑，但是他没有放弃。现在，他已经是一家全国著名公司的执行副总裁了。而他的太太呢？他早就不堪重负和她离婚了。他现在的太太是一位年轻的、能够给他爱和支持的女孩，而这些，正是他第一位妻子所不具备的。

那位女士在离婚之后,没有自我反省,只是认为男人没有看到自己的省吃俭用、做牛做马,这一切都是男人的错。殊不知,丈夫离开的不是她,而是她无休无止的唠叨和挑剔。

这种以轻视的方式来进行的唠叨和挑剔,真的会摧毁任何人的自信心,这是一种长期的打击和折磨,没有人会经受得起。

有一个在广告公司工作的年轻人,由于业务竞争非常激烈,他渴望得到太太的安慰和爱心,来保持奋斗的勇气,但是他充满野心的太太却总是很不耐烦地认为丈夫的行动力太慢了。

在太太不停地嘲笑与指责之下,年轻人的勇气逐渐消失了。最令他痛苦的是,他的自信心被那个女人一点一点腐蚀掉了,他一度找不到力量,丢掉了工作,而他的妻子不久之后就和他离婚了。

与妻子离婚之后,他又渐渐找到了失去的自信,就像一个病人摸索着重新恢复健康,最终获得了成功。

最具破坏力的唠叨、挑剔,就是拿自己的丈夫去和别的男人相比。"为什么你赚不到更多的钱?比尔·史密斯已经连升两次了,而你才只有一次。""如果我嫁给赫伯特,我一定能过得比这豪华舒适。"这些都是最高明的杀人不见血的方法。

2. 唠叨是一种病

诉苦、抱怨、攀比、轻视、嘲笑、喋喋不休,这些组成了一个喜欢唠叨和挑剔的女人。这是一种麻醉药,学不来,也戒不掉。它是在习惯中养成的。

如果一个女孩在20岁当新娘的时候，只知道唠叨和挑剔，质问丈夫什么时候才能住进像邻居家那么好的房子，那么等她到40岁的时候，不但没有住进那样好的房子，而且一定会是个无可救药的、永不满足的抱怨专家。

婚后的生活里，夫妇偶尔吵架是正常的。心理健全的人，可以忍受一般的争执而不会产生感情的裂缝。但是无休止的、毫不放松的长期唠叨所产生的压力，却会拖垮最具进取心的男人。不论他的事业做得多么辉煌，妻子每天的唠叨和挑剔，都会把他从宝座上拉下来。

弗吉尼亚大学教授沙姆·W.史蒂文博士在一次演讲中呼吁，美国的男人们应该享有4种新的自由：免于被唠叨和挑剔的自由，免于被呼喊支使的自由，免于消化不良的自由，以及在繁忙工作之后回家换上旧衣服放松的自由。

为什么女人会唠叨不停呢？有时候这是一种病症。最好的治疗方法是，把你个人的生活安排得充实一些，转移注意力，看看阳光和鲜花，而不是为一些并不存在的事物焦虑。找出让你疲乏和焦虑的原因，分析它并消除它。

心理学家分析说："受到压抑和打击，会造成唠叨。"婚姻问题、性的挫折、爱的失落，以及内心对生活的不满，这些都是人生中沉重的打击，女人常常会以唠叨、埋怨或诉苦的方式发泄出来，但事实上这是在火上浇油。

在瑞典，有这么一项法律依据，因唠叨导致的犯罪可以减刑，瑞典国会对于谋杀罪有一项令人惊奇的处置，只要你有足够

的证据证明对方是一个喜欢唠叨的人,预谋杀人可以减刑判为过失杀人,而不再是谋杀。

佐治亚州最高法院的一个判例中,有个丈夫为了躲避妻子的唠叨把自己锁在客房里。妻子受不了冷落而进行诉讼,结果法院判这个男人是无罪的。法庭对此的解释是:所罗门王说过"住到阁楼上的角落里,总比在大厅里受女人的闲气要好过多了"。

尽管美国的专栏作家哈·波义尔对此判决提出了批评,怕男人们由此养成拒付赡养费的观念,但是同时也说明,对于喜欢唠叨的妻子,有些男人宁愿花钱,也愿意赶紧恢复自由身。

《电信世界》曾经刊登过这样一个故事,一位50多岁的卡车技工雇了三名流氓杀死了自己的太太。为什么他要如此丧心病狂?原来,太太一直不停地唠叨和挑剔,终于将他变成了魔鬼。

3. 改掉唠叨的恶习

如果你现在认识到唠叨巨大的危害性,那么就赶紧戒掉它吧。你是不是也想找到补救的方法呢?以下6条建议可能会帮到你。

第一,取得家人的合作,给自己制定约束条款。当你快要发怒或者准备喋喋不休时,让他们毫不客气地给你下罚单。

第二,任何话只讲一遍,然后就忘掉它。如果他不想做,你提醒六七次也没用,唠叨只不过让他更想拒绝你。

第三,用温和的方式实现目的。"用甜东西总比酸的更能吸引苍蝇。"这句话是很正确的,适当地给他鼓励或者赞美,如:

"亲爱的，我真高兴你把我们的草地修得这么整齐。我们的邻居艾莲·史密斯太太说，她真希望她的丈夫能够像你这样勤快。我为你感到骄傲。"

第四，培养幽默感。这会帮你保持良好的心情。对任何小事都耿耿于怀的人，早晚会精神崩溃的。有些太太在催丈夫到浴室去拿浴巾的时候，竟然也会大动肝火，想必她在这样发火的时候，自己也会很不舒服吧？！

一个有理智的女人绝不会为一些无关紧要的事浪费精力，更不会为了一些微不足道的琐碎小事，把爱情转变成怨恨。

第五，冷静地讨论不愉快的事件。当发生不愉快事件的时候，在纸条上把它写下来，忍住不要说；然后，当你和你丈夫都很冷静的时候，再把它拿出来共同讨论。如果只是一件小事，可能都没有再谈论的必要了。即便事情不小，在冷静安宁中总会找到更合适的方法来处理。你和丈夫可以通过相互信任和合作的方式来消除矛盾，解决问题。

第六，切记，唠叨永远不能达到目的。学习和训练人际交往的艺术，学会激励别人，而不要强硬地驱使别人。根据查尔士·史考伯的说法，这就是操纵男人的秘诀。他的话是绝对不会错的，因为正是他具备了这种能力，所以钢铁大王卡内基才会付给他数百万美元的年薪。

你不能用一支枪套牢一个男人，你更无法用唠叨来拴住他，那样只会破坏他和你的感情，最终毁灭你们的幸福。

第2章 自己的空间

1. 不要干涉他的问题

我曾在一次晚宴上请教过一位公共关系部经理：太太们如何做，才会帮助丈夫取得成功？

他说："我只相信两点。第一是爱他，第二是让他独自去闯。一个可爱的妻子，会创造愉快舒服的家庭生活，而不是愚蠢地干涉丈夫处理自己的事务。她的干涉除了带来困扰，不会起到任何积极的作用。让丈夫发挥出自己全部的才华，就是帮助他取得成功的关键。

"妻子不要去干涉丈夫的工作关系，以及丈夫和业务伙伴的关系。

"有些妻子喜欢劝告、干预自己的丈夫，反对和丈夫一起工作的伙伴，并且对丈夫的薪水、工作时间和责任满腹牢骚。这种把自己当作丈夫非正式工作顾问的女人，常常会扼杀丈夫的成功。"

很多女人都做过同样的美梦，希望丈夫爬上最高的职位，自己可以享受丈夫的成功带来的优渥。于是她们想出了一系列"策略"，去试探、暗示和建议丈夫的同事或者上司，企图让他们给丈夫提供一些机会。但她们的策略往往是幼稚得以失败告终，最后还会让丈夫丢掉工作。

我工作的公司曾经聘请过一位经理，他很胜任这个职位，但有一个令人不解的行为。他任职后，每天早上上班，他的太太都会和他一起来。她在丈夫的办公室对其他职员发号施令，更改她认为不满意的工作程序。她一系列的粗暴干涉，把办公室的工作气氛全破坏了。有一个女孩受不了，提出了辞职，其他人也开始观望。于是这位新经理任职整3个礼拜，总裁就找他谈话，礼貌并且肯定地让他带着太太离开了。

妻子对丈夫工作的干预，即使是出于好的动机，也是一件危险的事。

有个朋友是某公司最受器重的经理，但是前不久他辞职了，原因也是因为妻子坚持要干预他的业务。她为了维护丈夫的地位，有计划地在几位她认为是丈夫竞争对手的经理太太之间挑拨离间，散布谣言，以攻击其他经理。她的丈夫没有办法控制她的暗中活动，只好做了他所能做的唯一一件事：辞掉自己引以为荣的工作。

2. 避免愚蠢的举动

如果你想让你的丈夫精神崩溃，如果你想把他从他正上升的阶梯上拉下来，从此与失业为伍，那么，我教给你一些方法，帮你彻底毁掉他。来看看吧，看看你的幕后操纵力有多么"伟大"。

（1）对丈夫的女秘书恶言恶语

尤其对那些年轻漂亮的女秘书，毫不客气地提醒她，她只是佣人。虽然你的丈夫并不是她值得追求的对象，但是你也不能因此而放过她，果断逼她辞职，你不必担心，你手忙脚乱的丈夫不是还有一架记录机帮他记文件吗？实在不行，你就上啊，保证你的丈夫会在最快的时间内垮掉。

（2）每天多打几次电话给你的丈夫

做家务碰到困难时，打电话告诉他，顺便问他中午饭是和谁一起吃的，顺便给他列一大堆东西的单子，要求他在回家的路上买回来。发薪水那天，要第一时间去办公室找他，在他的同事面前体现出谁才是一家之主。这样几次下来，保证他就会像秋后的蚂蚱那样蹦不高了。

（3）在他同事的太太之间制造一些摩擦

在你的眼里，同事的太太们没有一个是好人。你可以毫不客气地在她们之间散播谣言，搬弄是非，相信过了不多久，他们的办公室就会分裂成许多派系，你的目的也达到了，罪魁祸首就是你的丈夫，因为他拥有你这么一位唯恐天下不乱的太太。

（4）抱怨他的工作和薪水

经常提醒你的丈夫，他为公司付出得太多而得到的薪水太少，这说明没有人看重他。你的丈夫很快也会这么认为，他先是向老板抱怨，然后得不到满足，再然后就是他被辞退或者辞职而另找工作。

（5）做他的领导

教他应该如何改善工作，如何增加销售，如何奉承自己的上司，要他摆出傲慢的总经理态度来。让他知道你有多聪明，你才是他公司的幕后策划人。

（6）不断地挥霍

举行豪华的舞会，花大笔的钞票，过着入不敷出的生活，好像你的先生已经成功了那样。不要管明天会如何，你只要今天享受了就行。

（7）暗中侦察他

你就是私家侦探，你完全可以长期侦查你丈夫和他的女主顾、女秘书以及同事太太们之间的往来，寻找一切蛛丝马迹。直到你丈夫为了不让你多心而在工作上开始畏手畏脚，你的目的就达到了，你多聪明啊，你早就知道那些女孩子都是喜欢勾引男人的野女人。

（8）对丈夫的老板献媚

每当你有机会见到丈夫的老板时，你就赶紧眉目传情，使出女性的魅力来吸引他吧，相信很快老板的太太就会特意为你的先

生找个新上司。

（9）多出风头

只要有公司举办的宴会，那你就多喝一些酒吧，谈笑风生，让大家看看你有多么风趣。说说你丈夫在度假时如何玩乐，以及他穿着睡裤上床的事，你会成为宴会的焦点，成为最出风头的人物，你要抓住这个机会多多表现自己。

（10）不让丈夫加班出差

告诉你的丈夫，你才是他最重要的，为了你其他任何事物他都应该放弃。所以，他不可以出差，不可以加班，他要陪着你照顾你，否则你就要向他哭诉抱怨，直到他留下来陪你。

尽情地用以上手段去毁掉他吧，这样你才可以尽快实现丈夫失去工作，而你失去丈夫的梦想。

第3章 野心是可怕的

1. 不要试图改变他的个性

有一个女孩叫珍妮·威尔斯，她是个漂亮的女孩儿，而且继承了一大笔遗产。所有的亲戚朋友都认为她是个幸运的女孩，她会嫁给一个完全配得上她的人。所以，当她嫁给汤姆士·卡莱尔后，大家都认为她亲手毁掉了自己的幸福，因为汤姆士·卡莱尔是个粗鲁、笨拙、有着怪癖的人，他身无分文，唯一有的只是聪敏和才华。

但是，这段不被看好的婚姻，却成了一个传奇。当初那个名不见经传的穷小子不仅当上了爱丁堡大学的校长，在伦敦备受崇拜，而且还成为《法国革命》和《克伦威尔》这些文学名著的知名作者，而他们的家也成了文学天才们聚会的场所。

珍妮·卡莱尔本身是一个很有才华的女诗人，但是她放弃了

自己的写作，离开家庭和朋友，陪伴丈夫来到一个与世隔绝的苏格兰乡村，支持丈夫不受干扰地写作。

她自己缝制衣服，甘心做一个勤俭持家的家庭主妇，细心照料着丈夫的慢性胃病，帮助他排解长久以来的郁闷。很快，丈夫的作品开始引起公众的注意，她就开始和欣赏丈夫才华的人交往，包括那些仰慕她丈夫的美丽女人们，因为她们能够使她丈夫的作品更受关注。她良好的人际关系让丈夫获得了成功。

珍妮·卡莱尔最难能可贵的修养是：她从来没有想过要改变丈夫的个性。她曾写道："……我不鼓励人们失去自己的个性，都变成同一种类型。我希望他们都保留自己的独特，发挥完整的自我。"

如果是其他女人嫁给了卡莱尔先生，她们可能会想改变他一些不随和的个性，想当然地认为是为他好。但是珍妮·卡莱尔不仅喜欢她先生本来的样子，而且她希望全世界的每一个人都能够接受他本来的样子。

帮助男人了解自己的能力，而不要逼迫他去做超出他能力范围的事，这两者之间是有界限的。如何才能确定一个男人的能力限度？这就要看他身边的女人对他的爱和用心程度了。

珍妮·卡莱尔知道她的先生本来就是一个天才，所以她不想把他改造成彬彬有礼的交际专家。她尊重卡莱尔笨拙的个性以及他的执着不屈，她支持卡莱尔在自己的圈子内生活，没必要为了迎合别人去改变自己。

不是所有的女人都会像珍妮·卡莱尔那样了解自己的丈夫。

现实中，许多男人都因为被迫去做超出自己能力的事，而感到压抑或者精神崩溃，通常这都是因为他有一个有野心的妻子。如果他能在自己现有的职位上工作得很出色，也很快乐，你干吗要为了满足自己的野心而去逼迫他呢？出色的女人会帮助男人了解自己的能力，她会尊重他的个性，让他在自己的天赋上得到充分的发挥，取得成就，而不是强迫着他去争取他并不合适的更高职位，从而让他患上胃溃疡或提早进入坟墓。

2．做适合他的工作

　　成功的意义，是指我们把适合自己心理、体力和个性的工作做得很好。欧里森·史威特·马登写道："一流的搬砖工，要比二流的行业人物更出色。"

　　大自然创造了生物，但并不是每一个生物都一模一样。人类也是如此。上帝让我们担任不同的角色，他不希望我们都是董事长或者将军。然而，人们普遍对高头衔人物存有敬仰，而看低那些满足于低级职位的人，觉得他们不求上进。尤其是当他的妻子感觉到这种无形的压力后，就会刺激他、要求他，要他像疯子那样赶超张三李四的地位和收入，这只会造成适得其反的后果，也会因为这种压抑的心理让自己崩溃，给家庭带来不幸。

　　所以，作为妻子，不要为不现实的事而忧虑，不要以为自己可以改变丈夫。那样只会让悲剧发生。

　　有个女人努力了20年，让她的丈夫——一个原本快乐而且高明的水管工，挤进了白领的阶层。她整天陷在自己的忧虑里无法

自拔。她羡慕朋友们的丈夫可以夹着公文包上下班,哪怕那里面空空如也,而自己的丈夫只是个卑微的水管工。

在她的逼迫与刺激下,这个可怜的水管工为了让太太高兴,只好去了一家大公司当书记员。虽然困难重重,但他居然也在几年之中连升好几级,但依然比不上当水管工的收入。虽然生活窘迫,也失去了家庭的快乐,但是他的太太却有了可以向别人炫耀的资本。她四处告诉她的女伴们,说她是如何把自己的丈夫从劳工阶层中拉上来的。

警车巡逻员西瓦次曼在他的小女儿生下来不久,就被调到另一个部门。他的薪水增加了,但同时也需要更长的工作时间。他没有时间照顾太太和孩子,但是作为一个有责任心的警察,他仍然接受了任务,想要努力做好新的工作。

但事实上,他开始消瘦、失眠、苦恼和脾气暴躁。医生经过检查,说他身上找不出任何毛病,所有的一切负面反应,都是来自于他内部的压力。医生说,如果他再这样持续下去,身体就会开始真正地产生疾病,他会倒下去再也起不来。解决问题只有一个方法,就是让他再回到自己熟悉的老岗位,否则,警方就会面临失去一位好职员。

西瓦次曼又被调了回来,健康马上得了到改善。他开始能够正常地吃饭睡觉,身体恢复了,脾气也好转了。

对于每一个人来说,在自己喜欢的工作岗位上充分发挥才能,比领取高薪重要得多。健康、幸福和满足,比金钱更加重要。西瓦次曼能够幸运地及时得到这个教训,而有些人却没有这种机会，直到时机已逝还懵然不知。

3. 野心的严重后果

约翰·马宽特的小说《没有退路的据点》讲述了这么一个故事：主人公的妻子为了满足自己不断膨胀的欲望，要求丈夫必须一层层往上爬。这位丈夫并不热衷于功名地位，但还是配合了妻子的计划。直到最后，他深陷社交圈的旋涡，才发现回头已经太迟，他已经站在一个没有退路的据点上。

《时代周刊》某一期里有一行标题："美国官员的自杀和野心有关。"报道中说，有位41岁的官员，因为妻子的野心没有得到满足，自杀了三次。最后这一次他终于成功，摆脱了太太的控制。

所以，一定要满足于我们能力范围以内的工作，不要因为野心和贪欲，给我们带来无法逆转的结局。

彼德·史坦克隆博士在《如何停止谋害你自己》一书中指责那些逼迫自己丈夫的妻子们，她们让丈夫永无休止地努力，以赚取比邻居更多的钱、更高的社会地位，这其实是一种谋杀。

史坦克隆博士说："这种女人天生就是追逐名利的人，我曾经见过这种人，破坏了许多家庭的幸福。"

我再强调一次，一个人对不适合自己的计划，必须坚决而肯定地推辞掉。

如果你爱你的丈夫，希望他获得更高的成就，你就应该鼓励他、赞美他，和他一起奋斗。一定要当心，不要把他逼得太紧，或是强迫他做超越能力范围的事情。

第4章 冒险和尝试

1. 尝试新的机会

19世纪80年代，印第安-泰里特利是一个荒无人烟的地方。有许多像我祖父查理士·劳勃特森那样的勇士，带着妻子和孩子，把这个荒凉的地方开垦成联邦政府的一个州。

他们在锡马龙河岸定居下来，建造小木屋，用旧报纸糊窗户，用篱笆围起属于自己的土地。那里没有医生，只有一家教会学校，总共才一间教室，孩子们挤在一起念书。艰苦的生活、债务、寒冷的冬天和炎热的夏天，这就是他们全部的生活写照。我的祖母当时身体不好，但是她像许多勇敢的妻子一样，陪着祖父在这片土地上辛勤劳作，创造他们的新生活。虽然历经艰难，但是他们无疑是成功的，他们顽强地生存下来，成为受人敬重的居民。他们的儿女在那里长大，幸福地结婚。他们眼看着这个荒凉的边疆之地，成为联邦政府的一个州。

联邦政府不仅要感谢像查理士·劳勃特森这样的男人，是他们开拓了新的天地，扩展了疆界，更要感谢那些勇敢的妻子，如我的祖母哈丽特这样的女性。她们敢于冒险，尝试新的机会。她们信仰上帝，信仰她们的丈夫，信仰她们自己。虽然她们时刻面对着危险、困苦、疾病和死亡，虽然她们时时怀念舒适的家，想念朋友及父母，但是她们仍顽强地把一切抛到脑后，带着热情把边疆开拓成繁华的城镇。

她们为美国历史写下了光辉的一页，为儿女们留下了巨大的遗产，包括土地、城市、辽阔的大地，尤其是不屈不挠、艰苦奋斗的光荣传统。

2. 尝试机会

为了保住安定的生活而付出任何代价，在自己不喜欢的职位上工作一辈子，这简直是一种摧残。

有个男人，他已经赚了足够的钱，想要开一家自己的汽车修理厂，但这时他结婚了，他新婚的太太认为他最好不要辞去工作，因为他们还没有买下属于自己的房子。可是等他们有了房子之后，他们又要生第一个孩子，妻子又认为独立创业是一件辛苦又没保障的傻事，于是，这个男人又放弃了自己的梦想。

等他的薪水已经足够保障家庭开销，供孩子接受教育，他的妻子认为再去创业简直太可笑了！如果失败了怎么办？他会失去稳定的薪资、退休金、疾病津贴等等。

在妻子的利害分析之下，这位男士就此放弃了创业的机会，因为妻子不愿意给他尝试的机会。他逐渐成为一个对生活厌倦、庸庸碌碌的中年人，他的脸上充满了失意的神色，而且患上了胃溃疡。生命对他来说犹如一潭死水。

生命就这样过去了，他的太太成功地控制了他的一生，让他没有尝试过失败后终究会成功的滋味。

如果他放弃了自己本来不喜欢的工作，敢于尝试自己喜欢的事情，即便失败又会怎样呢？至少他会因为自己勇敢地尝试过而感到满足，而且一旦他尝够了失败的痛苦，他终究会一鼓作气，走向成功的。

令人沮丧的是，只有极少数的女士会支持丈夫去冒险和尝试新的机会。在雪佛酿酒公司的一项调查中，有6000名不同年龄的家庭主妇接受调查，其中有一个问题是，如果她的丈夫放弃一个他不喜欢但比较安定的工作，去尝试另外一个不安定且薪水较低，但是却能够激发他兴趣的工作，她们会不会赞成？结果接受访问的女士们半数以上不愿意让丈夫改行，她们害怕丈夫的冒险和尝试会带来危机。

3. 快乐地工作

查尔斯·雷诺兹是俄克拉荷马州吐萨市一家大石油公司的财务助理。他浑身充满活力，是个讨人喜欢的年轻人，他和太太有3个孩子，前途一片光明。

查尔斯·雷诺兹业余时间喜爱绘画，他的许多风景油画都悬挂在公司办公室的墙上，有时候他也把自己的油画卖给公司外面的人。

雷诺兹喜欢自己目前的工作，但是他更渴望能有更多的时间来绘画。他喜欢新墨西哥州的陶斯城，因为那儿是艺术家的乐园。他的梦想是放弃自己的工作，长久移居在那里。

没想到太太露丝居然非常支持他的梦想，她甚至想象到了在那里开一家店铺，用来出售丈夫的作品，她可以在那里卖画框，照看店面，她相信这个梦想一定会成真！

在太太的热心鼓励下，查尔斯·雷诺兹辞掉了工作，开始专心作画。他们全家人都有了开创新事业的动力，孩子们放学之后也会来帮忙。终于，雷诺兹成为西南部最成功的画家之一。他声名显赫，当上了陶斯城画家协会会长，在新墨西哥州陶斯城著名的济特·卡森大街上拥有自己的画廊和画室。这些成功，应该都归功于他的妻子给了他冒险的勇气，让他敢于尝试新的机会。

事实上，冒险所获得的成功并不值得惊讶，因为他们成功的可能性是很高的。范狄格里夫特将军经常在打仗前对他的将士说："上帝偏爱那些勇敢而坚强的人。"

快乐地从事一项适合自己的工作，不一定会获得富有，然而，如果一个人的工作不能给他带来内心的满足，他就不算是真正的成功。有时候，放弃不满意的、不喜欢的、薪水较高的职位，或许会打开更好的局面。

许多男人之所以能创造出伟大成就，可能都是因为他们有个无私的妻子，愿意和丈夫一起尝试新的机会，同时愿意放弃物质

享受，从而令她们的丈夫在自己擅长的领域得到充分的发挥。

4. 成功的真正意义

威廉·布斯把慈善事业当作自己的天职，他以及他的妻子和孩子们忍受着寒冷、饥饿和嘲笑，在伦敦的贫民窟为穷人、残疾人和流浪汉服务。他努力帮助穷人，以至于损害了自己的身体。他的妻子凯瑟琳·布斯患有脊柱弯曲症，并且受到肺结核的威胁和癌症的折磨。她临死前说："我从来就不知道生命中的哪一天，不是生活在痛苦中的。"

但是，就是这位瘦弱多病的妇人，在艰难的生活之中照顾着八个孩子，还要帮助她的丈夫，为那些更穷困的人奉献慈悲。她和丈夫一样传教讲道，经过一天的劳累之后，到了晚上，她还要去贫民窟帮助那些饥饿、生病或是遭遇困难的人，为他们准备饭菜，寻找安身的处所。她还教导那些小偷、流浪汉，让他们找到生活的方向。

你一定在想，只要有适当的机会，凯瑟琳·布斯一定会逃离这个悲惨的地方。但是，当有机会在一个比较富裕的地区工作时，威廉的妻子凯瑟琳·布斯马上反对说："不要！不要！"

我真希望凯瑟琳能够活得再长一些，亲眼看到她为丈夫所做的贡献，所产生的成果。我真希望她在天堂能知道，在威廉·布斯的葬礼中，他的灵柩经过的时候，伦敦街头挤满了六万五千多人向他致敬，伦敦市长为他送行，欧洲宫廷和美国总统送来花圈。在他的灵柩后面，五千名年轻的救世军成员跟随着，唱着赞美诗歌，歌颂他们伟大的领袖。凯瑟琳——这位瘦弱的女人完全不顾自己的安危，毅然献身给丈夫伟大的工作，她成就了威廉·布斯，成就了救世军。

是的，成功的真正意义，就是找到你所热爱的工作，并努力去做。在奋斗的过程中，全力以赴，奉献毕生的热情，这是唯一让我们有所收获的方法。

"上帝啊，请赐给我一个年轻人，他必须有足够的胆识，去做别人心目中不敢做的事。"罗伯特·路易斯·史蒂文森说。

而莎士比亚这样说："疑虑是我们心中的叛逆者，由于害怕去追求，将会使我们失去我们通常能够获得的东西。"

我们如果觉得在最有意义的工作中可以获得成功，就应该努力去尝试每一个机会，而且你要有足够的勇气面对一切。

· 第六篇 ·
创造幸福快乐的人生

第1章 温柔是对女人的最高评价

1. 快乐的方法

新西兰某个地方的墓地中,有块墓碑上刻着一个女人的名字和这样一句话:"她是如此温柔可爱。"

这几个字会给你什么感受?我个人的感觉是,我实在想不出还有什么更好的文字来形容一个女人的美好。你可以想象一位深情的丈夫,把这几个字刻在墓碑上时,心里充满了多少对这位温柔太太的回忆。他的回忆里一定都是幸福甜蜜的片段吧?他的妻子留给他的所有美好,都在这几个字里了:她是如此温柔可爱。

一个"温柔可爱"的女人,一定会成就一个成功的男人,这两件事其实是很有关联的。心理学家说,女人如果能够使丈夫快乐幸福,他就有更好的机会和动力获得事业上的成功。

有许多女人,深爱着自己丈夫,却不知道如何运用她们的爱，让自己和丈夫获得快乐幸福。她们内心虽然充满了最真挚的爱，但是说与做却是两回事。丈夫应该出门的时候，她像个水蛭那样缠住不放；丈夫需要倾诉的时候，她却在喋喋不休；丈夫在家里时，她就是个军事教官。

女士们只顾让自己外表看起来迷人，而忘了内心的温柔，这是不对的。上帝赋予女人最厉害的武器就是温柔与善良，女人拥有了它们，就拥有推动地球的力量。

女人中存在极品，她们的性格优点值得我们学习。她们懂得让身边人都感受到尊重与舒适，那是来自内心的慈悲与善良。所以，女人真的要不断修炼自己与生俱来的的温柔本性。温柔不是外表的软与顺，那是肤浅的，温柔是内心的品质。

成功的婚姻，都是建立在女人的温柔体贴与男人的刚强担当这一基础之上的，这好像是上帝安排的天职。女人学会温柔体贴地安排事务，也是让婚姻幸福与快乐的方法。

当我访问伊莲娜·罗斯福总统夫人的时候，总统夫人说，罗斯福总统喜欢安排孩子们跟他们一起去旅游演讲，这会让他很高兴。于是她经常细心地安排孩子们轮流和父母外出旅行、演讲，每隔两个星期就换一个。在旅途中他们有说有笑，总有许多趣事，这使得罗斯福总统更容易胜任他那沉重的工作。

艾森豪威尔总统的夫人也说过，通过记住许多小事来为别人创造幸福，也是一个女人温柔体贴的表现。

2. 完善自己的细节

养成最好的风度,总是要先做些小牺牲的,这也是美满婚姻的秘诀之一。

古巴著名的外交官、国际著名的国际象棋冠军卡巴布兰先生是一个充满智慧的人,就像许多不凡的男人那样,他也固执地拥有自己很多不凡的想法。

但是他与太太的婚姻却非常美满。他们享有浪漫的爱情,甜蜜如初,相互尊重。妻子奥嘉·卡巴布兰加总是能够带给丈夫许多轻松和快乐,所以丈夫也很乐意放弃一些固执己见,来博取她的欢心。

她是如何做到的呢?其实只是一些小小的牺牲而已。丈夫心情不好沉默不语时,她会静静陪伴,不说一句话,因为男人需要思考,唠叨只能火上浇油;丈夫喜欢待在家里时,她就放弃自己喜欢的舞会;丈夫不欣赏某些风格的衣服,她就会换成另一种他喜欢的;丈夫喜爱哲学和历史,奥嘉就细心地阅读一些相关的书籍。她说:"我了解丈夫的思想,欣赏和领会他所说的话,所以,他也同样欣赏我。"

奥嘉"小小的牺牲"换来的是丈夫的感激。情人节那天,理智的他会像个小学生,红着脸送给太太一盒很大、很漂亮的巧克力。这难道不正说明了他对妻子的爱意吗?

送礼物给太太成了卡巴布兰加先生最大的乐趣之一。有一次，他花钱请一名商店职员加班两个小时，用各种大小不同的盒子把一小瓶香水包装起来，只为看到太太打开这些盒子时脸上展现出来的笑容。

卡巴布兰加太太如此用心地为丈夫的幸福创造条件，丈夫也在博取她欢心的同时得到了许多快乐，难怪他们的婚姻会如此成功了。

3. 爱的回报

伟大的狄斯累利的妻子这样告诉她的朋友："感谢我丈夫对我的体贴，他的爱让我的生命一直呈现出单纯而永恒的幸福。"

想要使一个男人快乐幸福，只需要让他感到舒适，并让他按照自己的意愿去做他必须做的事，这就足够了。试图控制他的行为和他的思想，只会让他越来越排斥你。

最美好的事情是，当你们一起过了40年或50年之后，他仍然会深情地望着你，说："宝贝，你是多么温柔可爱啊。"

第2章 共同的爱好

1. 亲密关系

与爱人共享一件事物或者一个想法，会增加你们的亲密关系。这是夫妻关系获得幸福的主要方式之一，夫唱妇随就是这个道理。专家佐德豪斯先生对250对有着幸福婚姻的夫妇做过调查，证实这句话是对的。

亲密关系的基础是要有共同的朋友、共同的嗜好和共同的理想。

亚瑟·摩雷和他的妻子凯瑟琳，可能是有史以来教过最多学生的舞蹈老师。他们已经结婚28年了，并且一直在一起工作。

我采访亚瑟·摩雷，问他们这样亲密地在一起工作，是如何避免摩擦的。事业和私人生活掺在一起，这很容易产生不同的意见纠纷。

"这没有问题！"摩雷夫人说，"首先我们都在努力做对方眼中最好的自己。我会打扮得漂漂亮亮，让丈夫赏心悦目。我始终坚持一个原则，就是宁愿让10个男人看到我没有化妆的样子，也不愿让我丈夫一人看到。而我的丈夫，他会对我保持风度，他让我感觉到他的温暖呵护。我们拥有共同的爱好，利用所有业余时间去参加一些运动。这些事情，都是我们亲密相处的润滑剂。我们越来越亲密，而且我们的生活时常有新的乐趣增加。"

哈里·C.史坦因梅兹在《临床心理学杂志》中写道："成功的婚姻生活中，能够做到适应对方的爱好，是增加亲密关系的重要条件。"

克娄巴特拉，这位古代尼罗河畔的埃及艳后，是举世闻名的女人。她没有学过心理学，却精通控制别人的方法，尤其是对男人。

她通晓埃及所有附属国的方言，当附属国的使节前来朝贡的时候，克娄巴特拉不需要翻译人员，面对面交谈，因此赢得了他们的忠心支持，而她的祖先中从没有人费心去做过这些。

克娄巴特拉深谙博取丈夫欢心之道。这个娇媚的女人可以放弃奢华，穿上简陋的长靴和粗布衣，不怕潮湿、肮脏和寒冷，只为陪丈夫马克·安东尼去钓鱼。如果安东尼恰好钓不到鱼，她会叫奴隶潜到水底，把一条大鱼挂在他的鱼钩上，和他开一个俏皮的玩笑。

这个女人还会化装成平民，陪着丈夫去亚历山大城内的贫民区和下等赌场狂欢作乐。总之，马克·安东尼喜欢做的每一件事

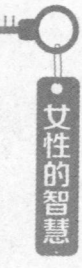

情,对克娄巴特拉来说都是具备吸引力的,这样的做法让她的吸引力穿透了全世界。

然而现实之中,有几个女人愿意穿上长筒鞋和粗布衣,不怕淋湿、肮脏和寒冷,陪丈夫去荒郊野外钓鱼呢?恐怕不仅不会去,还会阻碍着也不让他去吧。

2. 共享欢乐

快乐取决于自己。与其一个人独守寂寞、抱怨丈夫把时间浪费在高尔夫球场,不如学会取悦自己,让自己充实起来。我们一起来学学佛露莲丝·尚梅克的做法吧。

里昂·尚梅克是一位著名的工程师,纽约城的许多大马路和大桥都是出自于他之手。同时,他还是一位杰出的奥林匹克运动会剑术代表团成员以及高尔夫球比赛的冠军。佛露莲丝刚嫁给他的时候,对他的这些特长一窍不通,但是她没有抱怨丈夫把热情和时间放在运动上,而是发自内心地去热爱丈夫的喜好,并用心学习和掌握。后来,她不仅学会了打高尔夫球,还3次获得全国女子剑术比赛的冠军,多次入选奥林匹克运动会比赛。她没有让寂寞和孤独淹没自己,而是从中找到和丈夫一致的乐趣,并让这些乐趣成为了她自身的价值,让丈夫喜不自胜地欣赏她,乐意陪她一起运动娱乐。如果佛露莲丝一开始没有这么做,她会像大多数的女人一样,陷入孤独和寂寞,让自己的生命一点点消耗。

著名的神秘小说家和冒险小说家艾德加·华莱士在繁重的工作之余,最喜欢的消遣活动是赛马。他的妻子对这种贵族式的运动不感兴趣，但是她知道丈夫每天伏案写作异常劳累，他需要有松弛的机会，所以她每次都陪着丈夫去看赛马，并在欣赏那些名驹的时候向丈夫请教关于它们的知识。这让华莱士先生很高兴，他也乐于让太太相陪，并由此得到了更多的放松。

如果你不想被丈夫撇下不管，那就试着学会从丈夫的休闲娱乐之中获得乐趣吧，当你和他有了共同的话题和乐趣，他还会一个人去别的地方玩乐，留下你独自在家吗？如果是这样，他就是一个无可救药的自私自利者或者根本就不爱你。

休特太太的丈夫婚后还保持着单身的习惯，经常去找他以前的男玩伴而不是陪在新婚太太的身边。休特太太多么希望丈夫能陪伴她啊，但是她并没有对此产生抱怨。她知道丈夫是无心的，于是开始研究丈夫的爱好，并且为他准备相关的娱乐活动。

休特先生喜欢下国际象棋，而且达到了职业棋手的水准，所以休特太太就让丈夫教她下棋，后来她也达到了相当高的水平，在与丈夫的博弈之中，他们获得了极大的乐趣；休特先生喜欢参加舞会，休特太太就把他们的小家装扮得舒适而吸引人，这样休特先生就很自豪地把朋友带回来，而不用再跑到外面去了。

休特太太的做法非常有效，他们结婚已经40年了，相处得十分甜蜜。因为妻子拥有和自己一样的喜好，休特先生更乐意陪伴妻子一起娱乐，现在想要拉他出去，反倒成了困难。

休特太太说："与丈夫愉快地相处，建立共同的乐趣，是我最大的愿望。"

第3章　享受自己独特的爱好

1. 满足个人爱好

享受自己独特的爱好是件快乐的事。如果你和丈夫可以共享你们的爱好，那更是一件让人愉悦的事情。但是不可否认，我们都有各自不同的爱好，有时候单独享受属于自己的爱好，也是非常重要的。

安德烈·摩里斯在《婚姻的艺术》一书中说："如果夫妻之间不能互相尊重对方的爱好，那就不会拥有幸福的婚姻。"深层意义上说，再恩爱的夫妻也不会有相同的思想、意见和愿望，这样想是一种绑架。

所以，我们要允许爱人有自己的空间去做他想做的事或工作。也许在你的眼中他的爱好或者工作不重要，但是请不要阻止他，而是支持他、迁就他，这样会取得更好的效果。

威尔·罗杰斯的故事曾经被写成电影剧本。那时候他住在农场里,有一天,威尔突然说,想要一把外形凶猛、杀伤力很强的南美大刀。

他的太太不了解他为什么要这种刀?她的第一个反应是劝他不要买,因为这么一把大刀看着就令人不寒而栗,而且,这种刀通常只能束之高阁。

但是想了一会儿后,罗杰斯太太还是决定满足丈夫的想法,她跑到很远的城里,亲自为丈夫扛回了那把大刀。威尔高兴得像是过圣诞节得到礼物的孩子。

威尔的牧场里,有一片长满了荆棘的灌木丛。威尔用这把大刀,在灌木丛里疯狂砍伐,清理出一条供马和行人通过的小路。每当他遇到难题时,他会带着这把大刀,疯子一样在灌木丛中大砍一番。也许是发泄,也许是消遣,等他满身大汗回来以后,他不仅找到了解决困难的办法,还让他的牧场也变得更漂亮了。

他说,那把大刀是他收到的最好的礼物之一,他感谢他的太太。罗杰斯太太也为满足了丈夫"可笑"的愿望而感到高兴。

2. 良好爱好是有益处的

养成一些良好的爱好,可以让你获得助益。

詹姆斯·哈里斯是一家大石油公司的地区审计员,他有一个特殊的爱好——喜欢在闲暇的时候装饰室内和修理家具。他漂亮的手艺让他们的家非常吸引人,他的爱好也获得了太太的赞赏和满意。

他还有一个爱好——教他家的小猎狗马克表演把戏。他教会它用前脚弹琴,用后腿弹琴,然后教它四条腿并用一齐弹琴。大家都在马克的表演里乐开了花,一致觉得马克的主人——詹姆斯太有才了!

但是职业心理学家同时也告诉我们:当我们对爱好和消遣的热情超出了对工作和学习的热情时,我们就要注意了,这说明我们在逃避什么问题。我们要及时分析情况,找到原因,控制自己。爱好真正的作用是帮助我们放松,让我们舒缓紧张的情绪,从而恢复对工作和学习的兴趣,如果它代替了工作或者学习,那就不可取了。

人由自然本性培养出来的爱好,具有很大的治疗价值。

第二次世界大战期间,在中国上海工作的美籍职员艾力克·G.克拉克和他的妻子露丝被关在日军俘虏营里。他们和另外近两千名英籍、美籍俘虏在那里关押了接近30个月,在困苦、饥饿和鞭打中艰难度日。

后来,克拉克先生回忆那段岁月说:"我们被日军夺走了所有的东西,家庭、财产、自由,但是他们无法剥夺我们的精神和修养,无法剥夺我们经由天性培养出来的爱好。

"我的太太是中国玉石和纺织方面的权威。她在俘虏营中为朋友们讲授关于玉石和纺织的知识,这让大家暂时忘记了所处的悲惨境界;而我,一个圣乐的爱好者,在俘虏营中推广唱诗班,我们想办法弄到了许多乐谱,我们组织俘虏们在营房里合唱圣诞颂歌和轻歌剧。是这些爱好和乐趣,陪伴我们度过了那段艰难的岁月。"

最后，克拉克先生总结说："我鼓励每一位男士和女士，培养出一种消遣或爱好。在无事可做的状态下，它可以给你带来充实和幸福。不管这种无事可做是自愿的还是被迫的，爱好总会给你的生命增添活力。

接受克拉克先生的忠告，和丈夫一起培养一些有价值的爱好吧，让它为生命增光添彩。

第4章 培养有价值的爱好

1. 发展个人爱好

在男士们的眼里,如果有个女孩儿愿意陪伴他,但在自己想独处的时候可以善解人意地理解他、尊重他,这样的女孩儿值得去爱,值得娶回家。但是这样的女孩儿到哪里去寻找?似乎所有的女人都不理解男人们为何会有想单独待一会的愿望。

女人天生是群居的生物,而男人不是。她们不知道,一个被"撇下不管"的男人,并不意味着他是寂寞的,他只是想暂时获得灵魂的自由和享受独立思考的乐趣。

无论他是离开家出去打保龄球,或是和一群男士玩纸牌,或是去野外钓鱼,甚至是把自己关在车库一遍遍地检修汽车,让他去做吧,促成他的乐趣,你就是个聪明的女人。

20年来,我的丈夫一直有个习惯,每个星期天下午都要和他的作家老友荷马·克洛伊在一起，他没有因为结婚就放弃这个爱好和乐趣。他依旧会和荷马一起在森林散步，无拘无束地谈笑；或是去一个不平常的小餐馆吃一些特殊的美食，他们轻松、愉快，甚至充满童趣。我认为他们的行为很值，为他们感到高兴。而我，也学会了在星期天安排属于我自己的快乐时光。最后，我们都会回到对方的身边，愉快、平静，充满新鲜感地去生活。

毫无疑问，你的丈夫需要时常从束缚中挣脱出来，享受轻松和自由。理解并促成他的这份爱好，相当于在做一件让他快乐的事情。

要知道，一个幸福快乐的男人，一定比一个被太太绑住了手脚的男人更容易成功，更容易带给我们幸福。

2. 发展自己的爱好

人们基本都会有这样的经验，宁可在工作中繁忙劳累，也不愿意在生活中枯燥单调。当我们在生活中有那么一些娱乐时，就连繁重的工作都觉得不那么辛苦了。

所以，我们要培养自己的爱好，发挥自己的特长，让我们的生活多姿多彩，尤其是家庭主妇，这一点尤为重要。尽可能地把时间变得有意义吧，那将会有非常好的收获。

华尔特·G.芬克伯纳太太在这一点上值得我们学习借鉴。她在送孩子们上学之后，就到教堂的学校去教课，在那里，她充分发挥了照顾孩子的天性，后来又愉快地去学校幼儿园教课。

这项工作给芬克伯纳太太带来许多惊喜和改变，她的眼界变宽了，性格更加包容柔和了。她不仅没有因为这一爱好耽误家务，反

而让大家都感受到她的热情、耐心和慈爱,家庭的氛围比以前更加融洽幸福。

"我喜欢照顾这些孩子,他们让我释放更多的爱。我的时间安排得很合理,星期三晚上我陪丈夫和朋友打保龄球,星期四晚上参加教堂的讨论会。这些家庭以外的工作让我收获很多,我在心理和精神上都获得了满足。我的生活不再像以前那样单调,我有很多有趣的事情来和家人分享。我觉得这一切都棒极了!

"这些工作给了我更好的价值观。我不再计较从前困扰我的小事,而是把精力用在更重要的事情上。我把家变成了一个和平与爱的天堂,每个人都感到舒适而愉快。"

3. 给双方更多的乐趣

所以,努力培养属于你们的兴趣或者爱好吧。让丈夫充实起来,让他可以享受爱好带给他的乐趣。同时,仔细想想你的特长和爱好,把它发挥出来,让它给你的时间创造价值,为你们的家庭增添幸福。

这样做的结果就是:你会忽然发现,你已经成为丈夫的最佳伴侣,你们相爱却不纠缠,彼此成就,彼此尊重,互相拓宽了对方的眼界,带给对方更多的好的体验。

这就是最好的爱和成长。

《婚姻指南》一书中说:"夫妇之间的空间是非常亲近的,所以他们在一起处理某件事情,往往会带给双方窒闷的感觉。培养不同的兴趣和爱好,可以让事情产生变化,帮助保持婚姻的新鲜和活力。"

第七篇
完美的女人

第1章 家庭主妇

1. 妻子的职责

家庭是社会组成的元素。家庭的和谐稳定决定社会的和谐稳定，所以，创造和稳定一个家庭，具有重要的社会意义。

潜移默化中，社会赋予女人一个特殊的使命，那就是把大部分的时间和精力都奉献给家庭。这其实是一项伟大的工作，但是在别人眼中，这似乎没有任何功劳。有没有想过，一个家庭主妇要担当多少角色？洗衣妇、厨师、裁缝、护士、保姆、杂务工、司机、秘书、会计、采购员、顾问、牢骚发泄的对象、总经理和主管……

当然，只有这些还不够，她还必须保持自己的吸引力和魅力，否则她就会在丈夫的眼中失去光彩，失去分量。

我真希望设立一种年度奖，颁给这一年中最有效率的家庭主妇。她们比所有的电影明星、职业妇女以及最会打扮的女人都更有能力和才华，她们是伟大的。

作为家庭主妇的工作，你对丈夫的成功有多少影响力呢？玛丽妮亚·范韩与佛狄南·伦得柏格博士，他们是《女人，被忽视的性别》这本书的作者，他们说："研究结果指出，由于妻子在家里做了大部分的工作，因此丈夫收入的有效运用价值便增加了30%～60%。"

《生活杂志》在一期特刊中给出过这样一个估算，如果一个家庭要请外人替代家庭主妇的工作，他们每年需要额外花费1.5万美元。

许多著名的男士都是因为妻子的帮助才获得成功，艾森豪威尔总统就是一个例子。

2. 艾森豪威尔夫人的信念

玛蜜·多特·艾森豪威尔在《今日女性》杂志发表了一篇名为《如果我现在又当了新娘》的文章，其中，艾森豪威尔夫人说出了她最崇高的信念：

"生命带给女人的最伟大的职业生涯，就是做个好妻子。

"我知道，洗小孩子的袜子和全家人的脏衣服，是件很厌烦并且永远都做不完的事，这些工作看起来好像一点也不重要，甚至是可有可无。尤其当你的丈夫忙碌一天后回来问你'你今天都做了什么事'的时候，你似乎什么都想不起来，因为所有的事都那么微不足道，于是你说'哦，亲爱的，我交了物业费。'

"这时,你一定很想到外面找份工作,融入人群中,来体现你的价值,或许这样你的生命将可以获得更多的报偿。但是同时我们也会失去很多,20年后,你将发觉自己除了一份职业以外,家庭已经被你和你的丈夫所遗弃而不知珍惜。当然,这只是一部分女人的思想和做法,由于每一个人的境遇不同,所产生的结果也不同。

"如果我现在才结婚,我还是愿意像以前那样努力做个好主妇;我还是会善用丈夫微薄的薪水来照料家务,结交一些朋友;我还是会每天做好有营养的早餐,看着他热腾腾地吃完,然后去上班。我要尽我最大的能力,帮助他实现他的理想。

"照顾好家庭是我的工作和我的乐趣。我会想尽办法尽我的能力,使这个家永远保持平稳和安定,这是我感到最奇妙、最有价值、最繁忙而快乐的生活。我爱我的家。"

玛蜜·艾森豪威尔,一个世界顶级的家庭主妇,她真是太出色了,因为她帮她的丈夫进入了这个世界上最大的房子——美国总统府——白宫。

对于玛蜜·艾森豪威尔来说,家庭主妇生涯其实是一个顶尖的职业——美国第一夫人。如果你的丈夫跟做总统没有缘分,你还是做一个全方位发展的女人吧。

第2章　家是休憩的港湾

当你忙碌了一天，你希望有个什么样的家在等你回归？你觉得哪一种家庭氛围，会让你在每一个早晨都可以精神抖擞，带着满满的爱出去工作？

家，和我们事业的成功，具有密切的关系。

为了使我们能够以最愉快的心情来生活，以最高的效率来工作，我们必须创造一个温暖舒适的港湾，让我们休憩，让我们充电。那么，一个温暖舒适的家应该具备什么呢？

1. 轻松自在

无论我们多么喜欢自己的工作，工作总免不了会带给我们某种程度的紧张，所以我们还是期待回到温馨的家里，好放松心情和身体，这样，我们才具备良好的精力和热忱，投入第二天的工作。

事实证明，对家庭要求太过严谨的丈夫或者妻子，会让人疲惫并紧张。她们不喜欢孩子把小朋友带回家，因为他们会让家里又乱又脏；她们不喜欢让别人来做客，因为这样会又忙又浪费午后休憩的时间；她们不喜欢看完书随处乱放，因为这样会打破整洁的秩序。哦，只是这样一说，我就感觉到这种家庭带给人的紧张和疲惫。这是个生硬的环境，不是我们需要的温暖舒适的家。在这种环境里，我们无法放松、无法释放自己。

乔治·凯利所著《克莱格的妻子》一书中描写了一位叫哈丽莱特·克莱格的女士，她几乎代表了绝大多数妻子的形象。她力求家中要保持绝对的干净与秩序，就连椅子坐垫放错了位置也无法忍受。她不欢迎朋友们来访，受不了他们走后的狼藉，尽管那些在我们眼中很正常。就连她的丈夫，她也经常认为他破坏了她好不容易收拾出来的整洁和秩序，破坏了她心中所谓的完美。最后她收获的是，丈夫为了不去打破她的"完美"，连家都不回了。

记住，家是我们唯一可以放松的地方，这里不需要苛责与严格的要求。当丈夫把随手读完的报纸、抽完的烟头、眼镜盒和其他各种东西随便乱丢在沙发上的的时候，妻子不要破口大骂，你要做的，就是随手把它们捡起来就可以了。

2. 舒适温馨

装饰和布置家庭好像是大多数女士爱好的工作，我们都喜欢把家装饰布置得温馨而舒适。不过，在装饰布置的方式上，你也要照顾到男人的情趣和喜好。精致的小饰品、香氛，是女人的最爱，但是在男人眼里，他最需要的是一个搁脚的地方、一个大大的烟灰缸、一个报纸架。所以，女人们在花费心思布置温馨家园的时候，也要考虑到丈夫的需求和喜好，这样会给他更多愿意回家的理由。

如果你想知道男人所喜欢的布置方式，不妨研究研究单身汉整理房间的情况。

我们的家庭医生路易斯·C.派克医生，最近又重新装修了他的办公室。他的办公室就是家的一部分。那天我在他那儿，看到一些候诊的男病人都用羡慕的眼光欣赏他那覆盖着皮革的桌子，宽敞的沙发，巨大的铜灯，以及笔直下垂的、没有一点儿皱折的窗帘。

比起你的小装饰品，男人们更喜欢旅游带回来的手工染布、木雕，以及东方风情的象牙雕塑品。他们喜欢简洁的、明亮的、宽敞的空间。对于他们来说，这些才是能让他们放松和喜爱的饰品。

有些非常优秀的男人仍然选择单身，因为他知道很少有女人能够使他们像自己服侍自己那样舒适。

所以，当我们布置家庭的时候，不要忽略了男人对于舒适的要求。如果他破坏了你辛苦布置好的家居环境，可能只是因为你布置的方式不适合他。他找不到报纸架，你给他买的卡通烟灰缸太小，茶几太袖珍了，他找不到地方放置水杯。还有他心爱的常常搁脚的那个脚凳，你给他扔到哪里去了？

让一个男人在家里感到舒适放松，是将他留在家里的最好方法。

3. 有序而清洁

男人有一个特点，除了自己的凌乱以外，他们似乎没有办法忍

受任何人的不整洁。所以，想想你家的水槽里，有没有没洗过的碗？你家的灶台上，有没有胡乱摆放的锅？再从镜子里看看你自己，脸上是否还残留着没有卸掉的妆？头发有没有凌乱得好像加勒比的海盗？好好想一想，如果真的有，亲爱的，赶紧去收拾整理吧，恢复清洁有序，你与你的丈夫都会感觉到，天气仿佛都一下变好了。

当然，一个有修养的丈夫，对于偶然发生的错失是能够体谅的。他会在大扫除时愉快地把剩菜吃完，他会帮我们解决一些不寻常的问题，但是请记住，这种事情不能经常发生。

4. 愉快的气氛

家里的气氛，丈夫与妻子都有责任。如果你是丈夫，无论在外经历了多么复杂而辛苦的煎熬，回到家，在进家门的前几分钟，请深呼吸、深呼吸，把它们都释放掉。妻子等待的是你的归来和带给她的爱，不是看到你满脸的阴云而产生的担忧。你的情绪，会让她在接下来的时间都处在阴影里，这会破坏她的情绪，她的情绪很快会波及孩子或者老人，最终会破坏整个家庭的氛围。

作为妻子，我们都知道经过一天的操劳，你也累坏了，家务事最忙乱却又看不出任何功劳。但是，当你听到他开门回家来的声音，请立刻发自内心地微笑起来吧，你的爱人回来了，还有什么比这更值得高兴的事吗？所有的辛劳，都在你对他微笑的甜蜜里，在他看你的温暖眼神里，化为满满的幸福。于是，爱在家庭里流淌，孩子也感受到了愉悦与和谐，这才是我们需要的家庭气氛啊。这样的安宁祥和，才可以让我们的身心得到抚慰与解脱。

"在家里创造出这种气氛的妻子，"波帕诺博士说，"她在丈夫的生活中是不可缺少的。"

5. 创造我们共同的家

男人有个共同的特点，宁可在简陋的地方做自己的帝王，也不愿意在娇艳奢华的女性世界里束手束脚。家是你们共同的地方，要遵守共同经营的原则。

所以，如果家中需要更换新的家具，或是需要重新装饰，你一定要征询他的意见，一起来做决定而不是只由他来付账单。如果他想要一只古藤的摇椅，你就要放弃想要的古典沙发。你并没有失去什么，你会发现，其实他对这个家付诸的深情不比你少，而且，他对这个家拥有更多的决定权，家对他的意义将会更大。

有个女孩子喜欢把她的房间装饰得精致迷人，充满香氛，但是她嫁了个粗犷的男人，他喜欢烟不离口。他爱他的妻子，但是却不喜欢待在家里，他宁可找朋友去野外钓鱼，或者一个人待在森林里，他觉得只有在那些地方他才可以表现自我。妻子不停地抱怨丈夫，最后的结局是，两个人分手了，女孩还没意识到是自己的自私让丈夫对他们的家园产生了逃离。

家庭的真正目的是为我们最爱的每一个成员创造出一个温情的、安全而舒适的港湾，不是自己的私有天地。考虑孩子的感受，考虑对方的感受，共同创造我们的幸福家园。

第3章 绝不浪费时间

1. 有效利用时间

如果你愿意把一周的时间都记录下来,看看这一周你究竟都做了些什么,结果会让你感到惊恐。

多数的时间,你在和隔壁邻居聊天,在抱着电话聊天,在逛街,在无所事事,在磨蹭……每天如是,时间就这么悄悄溜走了,一天下来,几乎一件完整的事情都没做成。看到这个记录,你会怎么想?

我们再来看看罗斯福总统的夫人是如何安排日常活动的。首先,她比我们当中的任何一位女性都忙,即便比她年轻一半的女士,都无法胜任她一天的工作。她有一句话,简单却又实际地概括了所有的疑问:"我绝不浪费时间。"她的日程表上排得满满的,不存在把时间消耗在闲聊、逛街的琐事上。她说:"正是这些碎片时间，要么组成了我们有价值的生命，要么消耗掉了我们生命的价值。"

她告诉我，她在报上发表的许多专栏文章，都是在约会和会议的空当之间完成的。她每天都工作到深夜，清晨就起床。

你的一周记录会明确地指出你的时间都去了哪儿，你应该如何计划并掌控好这些，来创造生命的价值。至少，你要让时间过得有意义。

有效地利用时间是一门学问。美国最高法院的首席法官哈尔兰·F.史东有一次给一个大学生毕业班演讲，说了这么一句话："许多重要的事情可能只需用15分钟就足以完成，但是这段时间通常都被人们忽略掉了。"

有效地利用碎片时间，可以大幅提高我们的处事效率。如果你看到"万事通"专家约翰·基尔南在地铁里专心地看济慈的诗集，或是有关鸟类生态的论文，你要知道，这对这位博学之士是很平常的事。

罗斯福当美国总统的时候，书桌上总会翻着一本书，他利用两次约会之间两到三分钟的空当来阅读。小时候，他在穿衣服的时间里背下一首诗，那是经常的事。

我们绝对不会像美国总统一样忙碌，但是我们却常说"没有时间看书"。亲爱的，你现在读到的这本书，其实我也是利用了无数碎片时间来完成的，例如工作之余，例如每天早起的半个钟头。有些时候，我还会在美容院的床上阅读资料。我有时会把书翻开，放在化妆台上，可以顺带多读好几段文字。哦，收效颇丰！

第七篇 完美的女人

时间是上天恩赐的礼物。节省时间就是节省劳动力，这项管理用在商界和工厂，会产生庞大的价值；用在家庭里，会产生良好的家庭教育，有利于孩子们的成长。

提娜·盖塞狄的丈夫是一位忙碌的工程师。提娜给丈夫做助手，成功地把时间管理运用到了工作和家庭中。她同时要做丈夫的秘书、会计、人事经理、研究助理，还要参加地方社团与家长教师联谊会的工作。她总结的经验是：拔掉杂草，就可以天天欣赏到花朵。也就是说，不要在闲事上浪费时间，集中精力做我们应该做的事，我们才会尽快达到想要的结果，才会有更好的心情和时间来享受生活。

提娜有三个孩子，她经常在做家务的时候思考工作方案，时不时会有很多新的想法，无形中增加了工作效率。她的工作进度是有弹性的，她经常会抛开例行事务，专心去做另一件特殊的事情，比如陪孩子们游玩、运动。但是她的工作并没有因此而耽误，因为她有效利用了空闲时间。

"跟丈夫这样一起工作，和他共享各种看法，扩展我们的视野，使得我们的生活充实而富有变化，我们充满了幸福。这种生活很有趣，而且我们会继续这么做下去。"这是提娜·盖塞狄的肺腑之言。

我们是不是也要学学，像盖塞狄夫妇那样懂得如何生活、如何工作，以及如何把生活和工作协调进行，从而获得完满的结果？

也许你已经注意到，越是忙碌的女人，越是比普通女人有更多的时间享受生活。这是因为她们学会了时间管理，游刃有余地掌控着家务和工作，没有让懒惰和拖延毁灭自己。

我们每一个人都有一笔上帝赐予的财富：时间，好好让它发挥作用吧。

2. 发挥时间效用的方法

失去了金钱我们可以再赚回来，然而时间却不行，没了就是没了。浪费时间，比浪费金钱要可怕。

我们可以遵循以下这些规则，让宝贵的时间为我们发挥更大的效益。

第一，至少一周，反省你的时间是怎么使用的，明确你的时间都浪费在了哪里。

第二，制订每周的计划。不要以为这个方法只适合于客户经理，它对每一个人都是有效的。这个方法可以让我们减少混乱，消除疲惫和紧张。虽然有时也会改变一小部分计划，但是以这个为原则，会让我们的生活更有收获。

第三，综合利用时间。计划好每天需要采购的物品，一次性购齐，避免时间浪费在来回奔走的路上。

第四，利用每天的碎片时间，尝试学习一些新的方法，这会让我们的能力逐渐增加，有利于创造更有价值的生活。

第五，一时两用，尝试同时做两件事情。比如在给孩子温奶的时候，不耽误做工作计划；等待烤箱铃声的时候，还可以顺带练习几个瑜伽体式，这些都是我经常用到的，而且颇有收效。

第六，避免不必要的工作中断。当你在努力做好一件事情的时

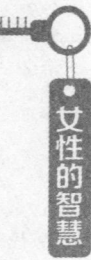

候,不要被其他的事情打断,集中精力先完成这一项。例如不要理会电话或者门铃声,不要让朋友随时来拜访,这些都会提高你的工作效率,而且朋友也会更加尊重你。

亚尔诺德·班尼特在《如何利用一天24小时》这本书中这样感慨:"时间,真的是神的赐予,你每天早晨醒来,哦,正有24个小时,在等着你运用。这24小时,是上帝无条件给你的财富。"

但是,我们有谁充分使用过每天的这24个小时呢?我们是不是都说过:"如果再给我多一点时间,那件事我会做得更好?"

"我们永远得不到更多的时间。我们拥有的,就是每天的这24个小时。"

第4章 生活中的小技巧

1. 良好的工作方法

你有没看过《你想要成为的女性》和《如何超越你的平凡》这两本书？它们的作者是著名的女性美学与仪态专家玛格丽·威尔森。她工作的繁重可想而知，同时她还有许多家务要做，但是每一次见到她，朋友们都会为她的美丽、高雅和从容而折服。

一个周末，我的丈夫戴尔·卡耐基和我到玛格丽的家里，参加自助餐晚宴。晚宴上有8位宾客，其中有几位是著名的政治家。这个宴会耀眼夺目，大家谈笑风生，气氛非常热烈。玛格丽请我们吃了一顿精美的晚餐，有炸鸡、大碗鳄梨和柿子沙拉、热狗、青豆蘑菇、自制的水果冻和甜美的水果冰激凌等。

宴会里没有仆人帮忙，我问玛格丽，她是如何优雅而从容地独自安排好这样精美的餐宴的？玛格丽说这很简单，所有的东西

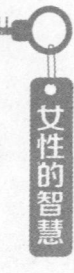

都是提前准备好，采用简捷的方法做出来的，而且每一道美食之间，还穿插着加工，同时可以兼顾两三个。在客人到达之前，所有的东西就基本准备差不多了。客人们在品尝红酒的时候，玛格丽已经在谈笑风生中把水果沙拉淋上了五彩的奶油。"这一切没什么麻烦的！"玛格丽优雅地说。

然而，仍然有一些女人会认为，请客需要好几小时的烹调、烘烤，需要准备精致的盘碟和特殊的服务。只是想一想，她们就觉得脑子里全满了。等到客人到达的时候，女主人已经疲惫不堪了。

记得几年前，那时我们在欧洲，有一次丈夫和我到我们刚结识的一位大学教授家里去做客。我们落座好久都没有见到教授的太太，这让我们有些惊讶。教授解释说，太太在厨房监管仆人们准备晚宴呢。后来这位太太出来了，但只是跟我们寒暄了几分钟，又匆匆忙忙地进入了厨房。

晚宴做得非常可口，但是说实话，我真的不赞成为了一顿晚宴而花费这么多时间和精力。晚宴进行当中，女主人还要时不时坐下起来，到厨房去监督下一道菜品。我是多么希望她能坐下来，和我们一起享受相聚的乐趣，而不是把注意力都耗费在了精致的宴品上。可能她没有使用简捷的方法来处理家务，但是我也明白，欧洲的传统一向是烦琐严谨的。在这一点上，美国的家庭主妇开动了脑筋，创造出许多奇妙的简捷方法，从而在厨房里得到了解放，让自己可以在其他事情上发挥潜力，做个更优雅的妻子和母亲。

吉尔布雷斯所研究出来的一项成果，叫作"节省行动"，使我们了解到许多处理家务事的简捷方法。思考一下，5个步骤能够完成的工作，你用了十几个步骤，是不是可以省略其中的至少4个？

例如，做早餐的时候，一次性地从冰箱里拿出所有的所需物料，是不是比一趟趟地拿要省很多麻烦？

把海绵和抹布放在房子各个角落里，随时随地地进行擦拭，是不是比累积一个礼拜来进行大扫除，至少要节省大半天的时间？亲爱的，"走到哪，扫到哪"的方法，真的是太美妙了，你完全可以把剩下的时间用来优雅，用来美丽从容。

有些时候我们换个思路，也许会事半功倍。我的孩子还很小的时候，我在浴室的盥洗台上给她洗澡，那时家里没有地方摆放婴儿浴盆。我个子很高，站在浴室的盥洗台前，给孩子洗浴的过程必须全程弯着腰，结果每一次我都背痛好久。于是我换了个思路，我改成在厨房的水槽里替她洗澡。谁说这不可以呢？这种方法真是太妙了，我可以舒服地站着，在台上轻松地替她脱衣服。而水槽对小孩子来说更宽敞，很容易保持清洁和卫生。我还在水龙头上连接了一个小喷雾器，这样可以为她冲浴！

我有一个习惯，就是在洗晚餐餐具的时候顺便就整理好早餐的东西。这样既可以省去把餐具收起来而在隔天早晨再拿出来的麻烦，也可以使早餐吃得从容舒适，不至于紧张得像赛跑一样。

2. 简捷实用的技巧

我们来总结一下简捷的方法都有哪些。

（1）购物方式。除非你是想去逛街，否则还是列好你的购物计划吧。提前考虑好家庭所需和工作所需，罗列出来，一次性下单，通过便捷的居家购物，把物品直接送到家里来。这样我们既不会产生随便购物带来的浪费，也不用大包小包满头大汗地做搬运工，可以用省出的时间和精力做更有意义的事情。

（2）学会做杂记。除非你有超强的记忆力，否则还是养成做杂记的习惯吧。我就是这个习惯的受益者，不至于在你忽然想起某件事还没做的时候手忙脚乱。闲暇的空间，看看你的杂记，还有什么事情需要处理，提前安排好。这的确是一个让你变得优雅从容的好办法。往往有许多不是很重要的但是必须去做的小事情，在你看到杂记后，用十几分钟就处理好了。其实有许多不必要的忙乱，例如某件没有及时处理的小事所带来的紧急情况，我们完全可以通过记录杂记的方法，提前考虑到，提前处理好。

（3）分析你的工作方法。在工作上面，计划你所需要的时间，避免多余的细节浪费时间和精力。有些时候可能因为我们做事不得法，才会让一些事情变成令人不愉快的杂碎琐事。

如果碰到某个难题，与其抱怨，浪费时间烦闷，不如请教高手，直接去学习攻克的方法。之所以有些琐事处理不好，都是因为我们粗略对待。心态也是重要的原因。

有一次，亚历山大·格拉罕·贝尔向他的朋友约瑟夫·亨利抱怨说，由于缺乏电学知识，他的工作已经受到了阻碍。亨利先生对此并不表示同情，他仅仅说了句："学习它！"

我们不必因为某件事情做得不好而感到难过。如果一件事情是值得去做的，那就必须把它做好。如果是不重要但必须要处理的工作，就使用简捷方法来解决它。我们欣赏鲜花，但是也要学会处理杂草，否则只会让你的心情不愉快，影响工作效率。

有些女人能够从家务中获得满足和成就感，有些人则可以从工作中获得这些。原因只有一个，热爱你所做的。找到简捷有效的处理工作和家务的方法，你就会喜欢上它们，从而享受它们带给你的快乐。

· 第八篇 ·
受人喜欢是一门学问

第1章　人格魅力

有个演艺家叫巴南,他擅长以故弄玄虚来吊起大家的胃口,让大家抱着无比的好奇心来观赏他的节目,并在他逐渐解开内幕的过程中获得了开心。有一次巴南大肆宣传一匹怪马,说这匹马头朝后尾巴朝前。好奇的观众买了门票来看怪马,结果却发现这匹马只不过是尾巴被巴南拴在了食槽这头,它要吃东西,只能倒着走。巴南的智慧和幽默受到了观众的喜爱,只要他有节目,大家都争先恐后地去了解他这次的新花样。

还有一位出色的艺人福洛连兹·齐格飞,据说他可以使女人变得更漂亮。只要他把他的设备放到一个女人手中,并且在她耳边低语几句,这位普通的女士立刻就会焕发出靓丽的光彩。那么他的设备是什么呢?原来是一束美丽的鲜花和几句温柔的赞美。他的"设备"让女人立刻感觉到自己很漂亮,很受人欢迎,于是魅力就在自信中焕发出来了。

我们常常会接触到很多有价值的商业伙伴，而且大部分人最后都喜欢和朋友合作共事，而不喜欢和陌生人合作，无论他是卖贝壳、卖鞋带或兜售保险、开飞机或是经营小本生意或许是一个专栏作家或一家大公司的总裁，总之一个人只要受到别人越多的喜爱，就会获得更多事业上的好处。

我们怎么样让自己、让所爱的他，提升受欢迎的能力？要知道，一个人只要受到别人的喜爱和认可，做起事情来就会顺利很多，也因此会获得生活和事业上的帮助。看看以下的三个小方法。

1. 良好的教养

有一个晚上，我先生和我去麦迪逊广场的演出现场拜访牛仔歌星吉尼·奥特利，他正在麦迪逊广场花园里做主唱。在演出间隙时间，我们准备和吉尼以及他美丽的太太伊娜一起去吃晚餐。但是，观众们却把我们拦在了出口处。他们热情高涨地索要吉尼的签名。我们的时间很紧张，但是吉尼还是非常乐意地和每一个人打招呼，并为他们在节目单上签名。

我看了一眼奥特利太太，我以为她会因为这个延误而懊恼，但是她却笑着对我说："吉尼从不对任何人说'不'，他尊重他的每一个观众。"

伊娜这个脱口而出的说法，比任何海报的宣扬都能更好地表达她丈夫的本性。这句话总结出了吉尼最可贵的地方：他尊重他的每一个观众。还有什么比这种素养更能赢得观众的喜爱吗？

我认识一个女士,她的丈夫傲慢自大、喜好争辩、缺乏耐心,很不受人欢迎,只是因为他妻子的教养好,大家才忍受他。但是当他的太太把他悲惨的童年生活说给我们听以后,我们对于他的厌恶就转变成同情了。他是个孤儿,从小被一个亲戚家转送到另一个亲戚家寄养,没有人要他,没有人爱他,他受到许多轻视和压制,慢慢地就养成那种傲慢自大的偏执性格。

知道这个原因以后,我们大家都能理解他的行为了,他只是一种自我保护的本能表现。虽然他的妻子不能一下让他受人喜爱,但是至少大家都开始接受他并有了同情心。他的妻子帮助他获得了别人的接纳。

一个人想要成功,就要让自己的品行受人欢迎。良好的素养,最能反映一个人的本性,这是一种令人折服的品德。而这,曾经把许多摇摇欲坠的企业领袖从危机之中解救出来。

2. 表现而非炫耀

有些人以为,炫耀自己就会获得关注。事实上,炫耀只会让你失去尊重。女人的炫耀,不是把裘皮珠宝穿戴在身上,而是对世界展现温柔和善的本性,对弱者伸出真挚的援手。一个温柔善良的女人,本身就具有光彩,而她身后的丈夫,也绝对是一位正人君子。

有个年轻的女士告诉我,她想学会如何讲有趣的小故事,以便加深她丈夫的朋友们对她的印象。我说服了这位女士,告诉她,不如让她的丈夫来讲这些有趣的小故事,她只需要坐在一边微笑着听就好了。你可以想象一下，如果有个女人用笑话吸引住了全场的注意力，而她的丈夫却坐在角落里，孤单地把玩着自己的手指头，这将是一个多么尴尬的场景。

纽约的约瑟夫·福来斯医师是一位成功的儿科医师，他的妻子玛丽琳是他的助手，他们有两个可爱的儿子。玛丽琳了解到，许多贫困区儿童即使生病，也会因为贫穷而无法治疗。于是玛丽琳经常与丈夫还有他们的两个儿子，一起到贫困区免费为患病儿童进行治疗。玛丽琳在为他们施药的时候，每一个孩子都觉得她美丽得就像圣母，而她的丈夫约瑟夫医生，就是来救助他们的上帝，那两个男孩儿则是圣洁的天使。约瑟夫医生从没有炫耀自己的医术有多么高明，但是他的人格魅力却让他获得了最高的敬重和认可，以及政府颁发的奖章。

这些有吸引力的男人，很幸运地都拥有一个好妻子。她们愿意用朴实的方法为丈夫做铺垫，让他为社会增益，而不是炫耀自己的高人一等。

3. 找到他的优势

很多时候，我们可能不知道如何展现我们的优点，好给别人带来帮助。例如，在技术方面受人器重的人，往往到了社交场合就哑口无言了，以至于人们只看到他的木讷，却不了解他的技能。如果这个男人拥有一个聪慧的妻子，那么他的优势一样可以得到良好的发挥。

让一个不善言谈的人开口的最好方法，就是让他谈论最感兴

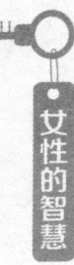

趣的事。

有位年轻女士巧妙地运用了这个方法,成功地帮助了她的丈夫,让他成为一位受人欢迎的人,并为他的事业打开了广阔的局面。她的丈夫华尔特是一名电器专家,性格内向,只有他亲近的朋友才知道,他很少主动去认识新的朋友。他的自我意识让他看起来很冷漠,但是他的太太知道丈夫不是这样的人,他充满了热情和活力,只是不善言谈。

于是她经常安排一些宴会,或者与丈夫一起参加宴会,在宴会的过程中,她一定会找到一个喜爱摄影的人,把他引荐给华尔特,因为华尔特也是摄影方面的爱好者。很快,两个刚刚相识的朋友因为共同的爱好热烈地讨论在一起,气氛越来越融洽。最后,他们都会自然而然地问对方从事的行业,他们渴望更加了解对方从而成为好朋友。当华尔特说出我是电器方面的专家时,他已经没有任何拘谨,他会热烈地打开电器方面的话题,侃侃而谈。

他的妻子运用了这个小方法,让丈夫的人际关系得到了突破,在事业上取得了越来越高的成就。她成功地帮助丈夫发挥了自身的优势,让他成为一个受欢迎的人。

华尔特的妻子说:"不要提醒他注意自己的弱点,这会使他更难过。我们要在他不知情的状况下,细心地去帮助他,让他的优点发挥出来。所以,不管我们去到哪里,我都会设法找个喜爱摄影的人,并把这个人介绍给华尔特,让他们成为好友。现在,华尔特已经不再像从前那样拘谨了,人们都喜欢这个热情的电器专家，他的专业为大家带来了帮助，这是他的成就。当人们告诉我，'你丈夫实在了不起'，我觉得非常骄傲和快乐。"

和华尔特相反，有一位推销保险的人，他对枪炮的历史很有研究，有许多这方面不同寻常的、稀奇古怪的知识。但是，很少有人知道他拥有这方面的学识，因为他的太太在社交场合只喜欢谈论自己。即便丈夫一个人在旁边寂寞地扳弄手指，她也不会考虑应该怎么样帮助丈夫，让他的光彩散发出来。

如果我们能够学会发挥优势，并让我们的优势为大家带来帮助，这该是件多么幸福的事。

第2章 发挥我们的优点

1. 好印象的形成

电器冷却系统出了问题,我打电话给本地的经销商,接电话的是经销商的妻子。我刚有些失望,这位女士却立刻以专业的角度告诉了我想知道的问题,然后她说:"女士,对于冷却系统,我的丈夫是真正的专家,如果你愿意,就让他到府上看看,他可以帮您解决问题,并会给您最好的建议。"

她肯定的语气让我对这位没见过面的经销商一下产生了信任,当他来到我家勘察的时候,我把问题全权交给了他,并且顺利地换了一台满意的冷气机。

整件事说明一个事实:别人对你丈夫的印象,取决于你对他的态度。

我们时常觉得史密斯医师是个伟大的医师,我们对他充满了信任，这缘于他的妻子经常在聚会上以崇敬的口吻谈到他。

人的语言会带来暗示。如果我们经常对一个小孩子说他很笨，他就会变得迟钝；如果我们称赞他有礼貌，他就会反馈好的态度；当你和某人相处时，肯定他，那么在无意间，他就会展现出成功的能力。

深谙此道的女士特别善于运用这个特点，来塑造丈夫的形象。她会说："我很希望我们能够出席宴会，但是比尔现在很忙，他正在处理有名的琼斯公司的诉讼案件。"

她也会有意无意地这样说："下星期，鲍伯必须在本区的医学讨论会上作讲演，他太忙了，连我都很少能看到他。"

于是一个男士忙碌又成功的形象塑造了起来，我们由此对他产生了信任和良好的印象。

2. 为他增光添彩

真正有实力的男人往往会很谦虚，不喜欢夸夸其谈。但是在社交场合，如果他的妻子懂得为他增光添彩的话，他的成功形象无疑就更加受人认可了。

一次宴会上，我意外遇到了我非常喜欢的演员安东尼和他的妻子。我看过许多安东尼的作品。他的妻子聪慧地觉察到我的兴趣，于是热情地给我讲了许多关于安东尼早期演艺生涯的事，其中包括他和著名明星排练演出莎士比亚戏剧，我听得都着了迷。我由此对安东尼的艺术修养产生了更高的钦佩。感谢他的妻子，让我认识到安东尼更光辉的一面。

聪明的妻子会优雅而巧妙地向世界展示，她的丈夫是一个多么优秀的男人，而不是用自己的趾高气昂或者满腹牢骚来给他的形象抹黑。有智慧、有修养的太太会成就男人，而愚蠢自私的女人则会毁灭男人。

好好赞美你的妻子，她是你最好的推销员。你对她的态度决定了她向世界展示你的角度，而妻子展示丈夫的角度，则是世界接受他的程度。

我们每一个人都有缺点，贝多芬是聋子，拜伦是跛子，拿破仑不敢在公众面前演讲。但是，这些都不是问题。我们如果只盯着他的缺点看，这个世界上将会失去很多天才和伟人。认识他的优点，帮助他发挥出来，虽然印象并不能正确地代表他的价值，但是会决定别人对他的看法。所以，我们爱他就要帮助他给旁人留下一个好的印象，对吗？就像他也懂得在别人面前，用他的伟岸，印衬出我们的娇美与温柔一样。

每一个人，尤其是商界和政界的人都知道，记住别人的姓名和容貌是多么重要。这是一项能力。然而很多人都会说，这一点太难做到了。

我的丈夫戴尔·卡耐基，就像很多大忙人那样，觉得记住别人的名字是一件非常头痛的事。于是我想出一个简单有效的方法。每当我们要去见一大群人的时候，我会事先查出其中一些人的姓名，然后就训练戴尔记住他们。我尽量在谈话中重复提到我们遇到的人的名字，例如："戴尔，你记得鲁滨逊夫人吧。她刚才告诉我有关雷克·路易斯的事情。你最近到过那儿吗，鲁滨逊太太？"

　　这只是个简单的小技术，但它却能把我丈夫从许多困窘和焦急中解救出来。为了要帮助他，我必须训练自己去听和记住许多人的名字和长相。我比戴尔有时间来做这件事，经过我的用心，我成了丈夫得力的记忆助手，让他获得更多人的敬仰和崇拜。

　　如果你愿意，你还能够弥补丈夫的某些缺陷。安德鲁·约翰逊总统的妻子在结婚以后继续教总统读书和写字，拥有这样的妻子，这位总统该是多么幸运。

· 第九篇 ·
爱的奉献

第1章　生活的小智慧

对于金钱的态度如果抱着易赚易花、毫不看重的哲学观点，我们可能会让金钱逐渐远离我们。狄更斯笔下的浪费大王麦考伯先生，是文学上讨人喜爱的角色之一，但是他的浪费放在生活中，将会产生可怕的后果。我不喜欢跟浪费的人在一起，尽管我们生活在优渥之中，我也会珍惜每一粒米和每一块钱。

电影小说里，外表迷人和不负责任好像很有个性，但是在现实生活里，没有比这种人更使人伤心讨厌了。开销大于收入的人智商和情商都需要改变，没心没肺、大手大脚的妻子绝不是迷人的女性，她只是一个让人想迫切甩掉的负担。

现在，我们的钱能买到的东西，比起10年前或者是5年前都要少得多了。所有的人都要面对一个不成比例的挑战：经营竞争激烈，物价上涨迅速，生活水准提高，教育越来越昂贵。

大家认为，只要我们的收入增加一些，我们所有的担心就都可以解决了，这是一个普遍的错误观点，更何况收入的增加也不是一件简单的事。艾尔西·史泰普来顿曾经担任华纳莫克和吉姆贝尔百货公司的财务顾问，他说，事实证明，对大多数人来说，增加收入只不过是造成花费的增加而已。

加拿大的蒙特利尔银行在醒目的地方有个提示牌，热切地奉劝顾客，要精明地消费他们的收入，这样他们才会有处理一大笔收入的机会。

中国有个叫陈嘉庚的亿万富翁，著名的厦门大学就是他创办的。陈嘉庚留下这样一句话来教育后人：该花的钱再多也不能省，不该花的钱一分也不能用。他一家几代，都把财富用在了建学校助教育上，但是个人的生活却节俭朴素。他的家族四百多人，遍布东南亚，昌盛富足。

在我写本书的时候，无意中找到一本有关家庭关系的书。这是本好书，作者是位知名的心理学家。可是这位大才子却有个很大的缺点：他对家庭预算似乎不在行。他说："处理家庭的收入是个很简单的问题，有钱的时候就多花一点，没有钱的时候就少花一些。"

我们常常听到很多人都有的一个观点："有钱的时候就多花，没有钱的时候就少花。"

这个理论看似很简单，但却是一种放任自我、不负责任的态度。这里面透露的信息是：毫不在乎、毫无计划地处理家庭收入。

毫无计划地花费，意味着，除了你本人以外的每个人，包括

肉贩商、面包商和烛台制造商，都可以分走你的收入。

你可以仔细去了解，有哪一个成功的人士，是这样毫无计划地生活、工作的？毫无计划，足以毁了他们多年积累的财富。而有计划或有预算地花费，可以保证你和你的家人能够从收入里得到公平的分享，可以保证你和你的家人能够更从容、更有质量地好好享受生活。

家庭消费计划并不是一件束缚手脚的紧身衣，也不是毫无目的地把花掉的每一分钱都做个记录。计划与预算是一幅蓝图、一个经过计划的消费，可以帮助你从收入中得到更大的益处。正确的预算方式，将会告诉你如何完成你的家庭目标，分配孩子们的教育费用、养老保险金以及实现你梦想的假期。

预算开销计划将会清晰地告诉你，你可以删减哪些不重要的项目，去填补你更想要的其他项目，哪怕这个项目花费更大，但是没有了其他的浪费，这个实现起来就容易多了。

学习如何处理家庭财产，能让家成为幸福的港湾，同时也帮助你的丈夫获得成功，至少你要知道如何使他的收入得到最大的利用。如果他只会赚钱但不会节省，你也可以帮助他管紧钱包，如果他本来有理财的头脑，那恭喜你，你们的财富会越来越多。

如何才能成为家庭财产的管理专家？以下一些建议，会帮助你完成家庭预算计划。

1. 记录每一笔开销，了解支出情况

除非我们知道错误的开销在哪里，否则我们就无法予以改

进。如果我们不知道从何处删减，为什么要予以删减，以及删减什么，那么节约就是毫无意义的。所以，从现在开始养成习惯，记录下所有的家庭开销。这样用不了多久，你就能够精确地知道，这段时间里，在食物方面的消费是多少，水电方面的费用是多少，娱乐费用又是多少。家庭每月的收入和开销会一目了然，哪一笔钱是必须花的，哪一笔钱其实可以用在更重要的事情上，哪一笔可以用来存入银行或者购买理财产品。这样坚持记录一年，你会成为一个成功的经营者和理财专家，家庭的抗风险能力会越来越强，你不会再担心有突发事件，因为你早就积累了足够的储备金。你还会在丈夫看好某个项目的时候，信心十足地把你的理财产品变现，给他最直接的帮助。

有一对夫妇，他们开始记录家庭花费以后，惊讶地发现他们每个月花掉了近200美元去买酒，但是他们并不是酒鬼，他们只不过是经常热情地欢迎朋友们来家里来喝一杯。于是他们做了一个明智的决定，删除一些不必要的社交，这样既可以节省时间，也让每月的那200美元有了更好的用途。

2. 按照家庭的需求进行预算

首先，把你这一年里固定的开销列出来，例如房租、食物预算、贷款利息、水电费、保险金等。然后再计划其他的必要开销，如衣服、医药费、教育费、交通费、社交费等。

这不是一件容易的事情。制定计划需要决心，家庭合作有时候还需要严谨的自制力。我们不可能买下所有的东西，但是我们

可以决定什么东西对我们最重要,从而放弃可有可无的东西,这样既减少浪费也积累了财富。有些时候,我宁可省下没必要消费的钱,捐助社会,这会增加我的社会责任感,带给发自内心的愉悦。我觉得我是一个对家庭、对社会有用的人。

3. 学会储蓄

确定家庭的固定开销。坚持把划分好的一部分收入储蓄起来,或者拿去投资,或者拿来做特殊用途,譬如买房、购车,或扩大门店的经营面积。

学会理财,你就会掌握财富。财富是一种能量,他喜欢有能力运用他的人。我认识一位女性,她的丈夫是新英格兰人,这位男士固执而保守。他宁可与太太抗衡,在中央车站广场脱光了衣服,也不愿放弃节省1/10收入的理财计划。结果,这位太太告诉我,在经济不景气的那几年,丈夫的理财行为没有让她的家庭遭受到危机,也没有让他们的店面断了经济链。

这位太太承认:"当我们非常需要钱的时候,我还要坚定地把钱存起来放在一边。但是,我现在很高兴我们坚持了储蓄计划。这让我们到了中年的时候,拥有了从容享受生活的资本。"

4. 准备一笔账外的储蓄金

大部分的财政预算专家都会劝告每一个年轻家庭,至少要存下1~3个月的收入,用于应付紧急事件。

但是这些理财专家同时也警告说,想要存很多钱的人,会发觉这很难办到，结果根本就存不了钱。与其断断续续地存款，不如每月固定进行小额存储，这样效果会更好。

5. 理财计划是全家人的事

家庭预算计划必须得到全家人的配合。经常举行家庭预算讨论会，往往可以减除一些情绪上的不配合，因为大家对于金钱的态度，与个人经验、受教育程度和生长历程有关。家庭理财，也会帮助孩子们培养理财意识。

6. 一定要考虑人寿和车辆保险的问题

你知道人寿保险给家庭带来的保障吗？你知道一次付款和分期付款的不同和各自优缺点吗？你知道关于付款的方法有许多不同的选择吗？你知道保险的双重目的吗？一句话，保险可以保护好这个家。它可以扛风险，它可以让你安享晚年，它同时还是一份独立的基金。所以，智慧的你一定要多了解有关保险的各方面知识。

贾得生和玛丽·南狄斯在他们合写的《建立成功的婚姻》一书中告诉我们，家庭收入的花费问题，往往是婚姻生活里必须调节和适应的主要方面。

金钱并非是万能的，这句话的确不错。但是，聪明地处理我们的金钱，可以给我们的家庭带来更多的安宁、幸福与利益。

所以，永远不要幻想一夜暴富，那远不如让我们成为理财高手更有现实意义。理财会让我们实现财富梦想！努力让自己变成理财能手吧，让金钱发挥它最大的作用。

第2章 健康是唯一

人寿保险公司路易斯·艾·杜布林博士刊登在《人生生活》杂志上的一篇文章里说:"40年以来,我一直在一家人寿保险公司担任统计工作,所得到的结论是:许多人在保险的年限没到就死亡了,这当中,男人的比例比女人要高出很多。"

杜布林博士曾经研究过饮食和死亡率之间的关系,在这个问题上,他堪称美国最有权威的人士之一。

赫尔伯特·柏拉克是纽约市西奈山医院研究新陈代谢疾病的一名医生。他在《现代妇女》刊载的《为什么男人们死得这么早?》的文章里告诉我们:"你想要保持家人的健康,并确实能延长他们的生命,那么现在,你已经掌握了这种能力,管理好你家的厨房。"

我们都知道腰围大一寸,生命减一年。所以,太太们摆在餐桌上的食物,直接关联到家人的健康。这就要求我们不仅要保证食物的美味，还要考虑营养的搭配和热量的均衡。如果只一味满足家人的口味，而摄取一些不好的食物，危害是不可估量的。体重超标就要降低脂肪，肝脏不好就要克制饮酒，脾胃虚弱就要注意消化和营养。在厨房里，第一位的不是口味，而是身体的需要。

不要像伊甸园里的亚当，在上帝面前为自己辩解说："这个女人用苹果诱惑我，所以我就只好吃了。"而夏娃却说："仁慈的上帝啊，是他非要吃的。"

为了我们的健康和生命，管理好我们的厨房，就像亚当和夏娃在伊甸园管理那棵苹果树一样重要。

如果你不知道怎么做，就去请教医生，或者多读几本关于膳食营养与疾病的书，这是一项长期的工程，跟我们的生命一样长。

注意家人吃饭的情况，不要给他们制造慌乱和紧张的气氛。与其一遍遍地催促他"上班迟到了，上学迟到了"，不如每天早上督促大家早起几分钟。我们经常可以见到，丈夫狼吐虎咽地吃下几口早餐，公文包一夹就冲出门去，而可怜的孩子，嘴巴里还有没咽下去的面包，就已经奔走在上学的路上。大部分的家庭，都习惯了早晨冲刺。

神经精神学院的主任罗伯特·沙利格博士警告我们说："早餐时狼吞虎咽，冲出门去赶专车，然后开始工作或学习，这种情形，对于生活在当代的许多人来说，真是太普遍了。这是一个可怕的习惯。"

早一点起床吧，让家人包括自己吃上一顿不慌不忙的营养早餐。掌握早晨的人，才能掌握人生。

我的朋友克拉克·布里森夫人，她的丈夫在纽约最老的一家房地产公司工作，是毕斯和艾利曼公司的财务主任兼副总经理。

布里森先生经常把整个公文包的文件带回家处理。他每一天都很疲惫，根本无法利用晚上的时间处理工作。他的妻子建议他早一点睡觉，第二天早晨提前一个钟头起床。结果是，他们都很喜欢这种安排。

"多出来的这一小时，"布里森太太说，"是我们每天的享受。我们先吃一顿舒服的、不慌不忙的早餐，没有任何压迫或匆忙的感觉。如果克拉克有工作要做，他就趁机做好；没有工作的时候，他就看看书，放松放松心情，或是做些小家务。有时我们也会到公园里，享受清晨漫步。"

"由于我们每天早晨都有了安静舒适的时光，我们都觉得，不管这一天发生什么事情，我们都可以处理得很好。对于那些晚睡的人来说，这个方法可能行不通，因为我们一般都睡得很早。"

如果你也是那种在早上就开始慌乱和紧张的人，那么，请试试这种方法吧，这个额外的一小时会让你和家人收获健康。

关注健康，我们还要遵守以下这些原则：

1. 注意家人的体重，就像注意自己的体重那样

你可以向医生要一张体重和寿命的对照表，然后测量家人包

括你的体重，看看有没有超重10%。如果谁超重了，请你的医生替他开个控制热量的食谱。

千万不要盲目减肥，或是服用广告上的减肥药。服用减肥药不但不会降低体重反而带来生命危险，有关的案例，你的医生能给你讲一箩筐。

合理的膳食加上适当的锻炼，是健康控制体重的最好方法。能控制自己的体重，是值得敬佩的能力。很多女人在爱美之心的驱使下，都能做到控制自己的体重，但是一旦用到孩子和丈夫身上，就听之任之了。

2. 坚持一年做一次健康检查

预防仍然是治疗的最好方法。许多死于心脏病、癌症和糖尿病的人，如果早期有所预防的话，完全可以避免。

美国糖尿病协会的统计显示，全国的糖尿病患者已有400万人，但是至少还有100万以上的人患有糖尿病，只是他们自己并不知情。

许多人很会照顾自己的汽车，但是却不知道如何照顾好自己的身体。这件事听来很可悲，但却是真的。所以，我们一定要随时注意家人的健康状况，督促他们接受定期的健康检查。

3. 不要操劳过度

拥有野心可能会使事业成功，但是也很容易使人无法活得长久、享受人生。所以，如果晋升和金钱需要我们用压力、紧张和

过度操劳换取，那么，可以考虑是否要放弃。

纽约州诺曼·文森·皮尔博士，在印第安纳波利斯讲演时说，现代美国人很可能是有史以来最神经质的一代。

"爱尔兰人的守护神是圣·派翠伊克，"皮尔博士说，"英格兰人的守护神是圣·乔治，而美国人的守护神却是圣·维达斯。美国人的生活太过紧张、太过激动，即使他们在听道以后也不能平静地睡去。"

我们应该满足于目前的状态，鼓励丈夫满足于目前的成就。一个女人的态度，对于丈夫的要求，往往具有决定性的影响作用，切记用贪婪和欲望，毁灭了原本拥有的幸福。

4. 获得充分的休息

抵抗疲劳的秘密，就是在疲倦以前好好休息。短暂的放松心情，往往会有惊人的效果。午餐之后，工作以前，尽量躺下来休息10分钟或15分钟，对心脏有着良好的保养作用。这个小方法可以使人能多活几年。

美国军队每行军1小时后，就要强迫士兵们休息10分钟。小说家索莫西·毛姆70多岁时，仍然精力充沛地工作，他说他的活力来自于每天午餐后的15分钟小睡。温斯顿·丘吉尔吃过午饭后要在床上休息一两个钟头。朱利安·戴特蒙活到了80多岁，还在位于纽约塔利顿的全世界最好的苗圃里活跃地工作着。戴特蒙先生每天下午都要睡一段长时间的午觉，他说，午睡使他保持像小提琴那样和谐的生活。

5. 感受家庭生活的快乐

一个不断唠叨、喜爱抱怨的妻子或者母亲，对于男人的成功是一种障碍，对孩子的成长是一种摧残，因为她总是令家人紧张或伤心，以至于没有办法专心于工作和学习。我见过一个可爱的小男孩，在母亲每天的唠叨中患了胃溃疡，而他的父亲则患了神经衰弱，这样的女人对家人的健康是一种威胁。

一个不快乐的、忧虑的或是容易发怒的男人，很容易突然间倒下去。他的内心如此紧张，他的应激反射作用就不能适当地发挥作用。他很可能会被一辆车撞倒，或在公路上把自己和旁人撞得粉碎。

成功的主要意义，就是要拥有足够的健康去享受人生，所以，我们一定要注意自己在家里的言行，管理好自己的情绪，让我们亲爱的家人感受到家庭的幸福和谐，而不是让我们用自己莫名其妙的情绪，把家人带入忧郁不安的境地。女人往往是情绪的奴隶，所以更要多加关注自己的内心活动。"我的生命掌握在你的手中"，这也许是每个已婚男人的主题曲。

第3章 爱是一切的根源

社会工作学家艾西尔·怀斯先生说过这么一句话："少年犯罪的主要原因之一是爱的缺失，不被爱的孩子是少年犯罪的主流。"

我丈夫卡耐基先生和我完全认同这句话，我们曾经在俄克拉荷马州的艾尔·雷诺联邦少年感化院为少年犯们讲授过有关人际关系的课程。

爱是宇宙的守恒定律。渴望被爱，是每一个人的原始本能。婴儿如果感觉不到爱，就会濒临死亡。

少年感化院里一个不幸的男孩说，他的母亲从不给他回信，她似乎不记得有他的存在。爱的缺失让这个男孩儿的面容变得扭曲，也许扭曲的是他的灵魂。但是他听了我们的演讲课程之后，鼓起勇气写信告诉他的母亲，说他正在上一些非常好的课，他觉得自己的外貌变得好看多了。可是不久，他的母亲回信给他，说监狱是他最适合待的地方，于是这个男孩儿选择了自杀，幸好被救了下来。

19岁的男孩汤米，他从出生就待在孤儿院里，后来因为少年犯罪，在感化院里又度过了几年。他说："我们渴望有人来爱我们，但是从来没有人爱我，没有人要我。我从没有得到过一件圣诞礼物。"

这些忍受着情感缺乏的孩子们，用犯罪来补偿这种爱的缺陷，他们用严重的错误和对社会的危害，来引起人们的关注。这就像一个饿昏了的人，当他找不到食物的时候，即使食物有毒，他也会饥不择食。

爱是最好的精神食粮，我们的精神靠它生存和成长。如果没有爱，我们的本性和行为就会变质、弯曲。

爱在人类社会的潜力，就像原子能那样巨大。爱是一切成功的动力源。因为有爱，我们就会心甘情愿地尽一切所能为爱人做每一件事，使他（她）快乐，而爱人也会因为对我们的爱，努力做好一切。最好的爱情，就是彼此成就，因为对方的优秀而让自己越来越优秀。做他最好的爱人，就是给他最好的回报。

我清楚地记得，当年我的丈夫卡耐基先生面临困境的时候，是我的爱陪伴他渡过了难关。他说，无论面对的状况有多艰难，他一想到我的笑脸，就会浑身充满力量。辛苦一天，他最快乐的事，就是下一秒，可以回到我身边。正是这种爱的力量，让卡耐基渡过了难关，走向了成功。他回报给了我这个世界上最好的爱。我曾对他说过，他的怀抱，是我最美的天堂。

爱是社会稳定的因素，是家庭的凝聚力。家庭爱的浓度高，孩子们的幸福指数就会高。他们的心理就是健康阳光的，这样的孩子，不存在少年犯罪。因为他会用得到的爱，回报身边的每一个人，乃至小动物和一草一木。这样的孩子长大后会对社会有更大的贡献。

那么，我们该怎么做，才能提升爱的深度呢？听听我的建议：

1. 爱的表现

爱就体现在平凡的生活中。也许你和丈夫在面对困境的时候，都能表现出真挚的爱意。但是在平淡如水的的日子里，往往似乎看不到爱的痕迹。事实上，他在你心目中的位置是何等重要。

女人都有一个特点，总是相信自己是应该被疼爱、被珍惜的，她们喜欢听到甜言蜜语。所以女人经常会抱怨丈夫忽略自己，其实真实的情况是丈夫将爱意藏在心里，不会再像恋爱时那样乐于表白了。同样，女人们婚后一样失去了热情，而且时常挑剔和批评丈夫。

心理学家威廉·伯林吉尔博士说："有些人总是对自己比较关注，而吝啬给他人太多的关爱。当自己得不到关爱时，只知道去抱怨对方，却没有发现问题其实是在自己身上。"爱是一种投射，付出爱，才能得到爱。如果只是一味索取，总会造成对方的逃避和枯竭。

夫妻之间不要把对方的存在当成理所当然，而失去赞美、欣赏和感恩。爱的饥渴并不是女人和孩子专有的疾病，男人也一样。所以人们不要再好奇,为什么男人会喜欢接触那些懂得称赞他们的女人,而女人则更容易接受欣赏她们的男人。没有彼此的欣赏,就不会有爱情的存在。爱情冷淡的原因,就是精神食粮的不足。

我们不是靠面包就能活下去的,只有物质没有精神的安慰,人一样会感到匮乏。

2. 好心情是一种习惯

常常有一些完美主义者,在细节上具有强迫性。孩子的行为要符合自己的要求,否则就会产生怒气;爱人的行踪要知晓,否则就会产生怀疑;家里要一尘不染,朋友最好永不光顾。这种秩序一旦被破坏,抱怨与唠叨就开始了。讲真,这种毛病不仅限于女人,男人当中也有的是。他们因为过分注重细节,而忽略了重要的事情。世间本无事,庸人自扰之。用好的心情去面对、去接受,不要无事生非,更不要把小事搅得天翻地覆,在好心情的滋养下,爱情还是会重新焕发的。遇事用正面的角度来思考,好心情就会来临了。

我的朋友乔治·吉恩·纳杉在谈到提升爱情的浓度时说:"我从经验里发现,爱情和整理完美的家务常常是无法并存的。当我看到一个家庭整理得太谨慎时,通常我会觉得,而且立刻就会发现,他们夫妇之间的爱情就像机械化的家庭一样,已经达到冰点了。有个可笑却真实的因果关系:一个完美的家庭主妇,往往没有爱自己的丈夫;一个理想主义的男人,身边几乎没有女人

可生存。"

纳杉先生是个社会心理学家,他所说的话是值得我们深思的,我们不能只注视着树木,而忽略了整座森林。在我们的心中,爱才应该是第一位的。从出生到死亡,我们的一生都在围绕爱来进行,这是一切的根源。

3. 爱的源泉

成熟的爱就是给予,而不是索取。首先要让自己成为爱的源泉。当你自己的灵魂都是匮乏的时候,是接收不到爱的回应的。有些人愿意在许多事情上做出牺牲,但却在许多小事情上缺乏精神上的慷慨,例如嫉妒。这是一种毁灭性的情绪。

我们来试一下,假使你的丈夫无意间提到,他今天碰见了他的初恋。你立刻问他:"那个女孩子是不是还扎着辫子,说着不成熟的话?"这感觉是不是很糟糕?你如果说:"哦,那个女孩儿一定还像从前那样漂亮吧。"这样慷慨温暖的胸怀,是不是会让丈夫会更加欣赏你?

我父亲和我母亲结婚以前,曾经和一个迷人的金发少女订过婚。我记得小时候每当母亲赞美那个女孩的美丽和善解人意时,父亲总是会不好意思地笑着,一面又装作若无其事的样子。父亲觉得母亲比较温柔漂亮,母亲也知道这一点。但是母亲能够欣赏父亲的眼光,这总是很让父亲高兴。母亲的爱真的像永不枯竭的源泉,她爱父亲所爱的一切,爱花草、爱小动物、爱阳光、爱每一个陌生人。她的笑容里每天都充满和煦,每一个人都能感受到她的温暖，每一个人都愿意回报她真诚的爱意。所以母亲的这一生，是被爱包围的。

4. 爱要表示谢意

男人在结婚以后，带妻子到戏院看一场电影，或送给妻子一束玫瑰花，甚至只是每天早晨倒一次垃圾，他也很希望听到妻子的道谢和赞美。如果他所做的每件事情，妻子都视为理所当然，丈夫很快就会停止取悦他的妻子。

我记得，我的丈夫戴尔曾给我买过一个灰色的软羊皮的钱包，但是我实在不喜欢那个颜色和款式，于是不知随手放在了哪里。结果，我好长时间没有再收到戴尔的礼物，他宁愿给我钱让我自己去选礼物。我才知道我的态度让他产生了自卑。哦，亲爱的，对不起。其实你买给我的任何一件礼物，都是令我感动的，因为我知道你爱我，这就足矣。

想一想，其实丈夫每天为我们做了很多小服务，只是因为我们习惯了，所以视若无睹。

戴尔·卡耐基会在我忙于工作的时候，为我沏上一杯热茶，会在我不想开车出门的时候，主动为我当司机。他会观察到我的一切，并在我需要的时候立刻做出反应。所以说当别人说戴尔·卡耐基是个粗枝大叶的男人的时候，我是一点也不认同的。他的温柔与细心，与他粗犷的外表不成比例。

但是，他给我的关爱与呵护我也视若无睹，我觉得他对我的照顾很正常。

直到有一年夏天戴尔到欧洲去了,我才惊讶地发现,他每天都为我做了那么多的事情,而我却没有向他说过一声谢谢。他不在身边的时候,我只能自己动手去做那些事,我一下感觉到了琐碎与麻烦。那一刻,我体会到了他对我的爱,真的蕴含在每一天的点点滴滴中。我发现我是多么需要他的关爱。

亲爱的戴尔,如果你看到我在写这本书,看到这一段文字,你要知道,我正在心里对你表示感谢。感谢上帝的安排,让我的生命里有了你,以及你对我十年如一日的关爱与呵护。你让我在你的爱与包容里,从一个幼稚的女孩儿,成长为成熟的知性女人,让我学会了爱这个世界。

戴尔·卡耐基和我在俄克拉荷马城度过我们婚后的第一个假日。那一次,他正在进行为期一周的演讲,而我正全心全意地沉浸在新婚美丽的幻想中:他赞美的语句、罗曼蒂克的情怀、烛光和小提琴的演奏声。然而,我发觉自己只是一个人在旅社的房间里,独自欣赏着我的嫁妆,而我的新郎正和委员们谈论、研究他的演讲稿。他太忙了,我必须先和他定好时间,才能接近他。在那些我们能够共处的短暂时刻里,我对他表现出愤怒和不悦。

我很幸运,他并没有因此把我的行装整理好把送我回我妈妈那儿。他知道我只是一个被惯坏了的孩子,我还不了解婚姻的意义。所以他在忙碌之后,总会给我一个温暖有力的怀抱和安慰的话。他用温暖的爱包容着我的不满,直到我学会成长为一个大女孩,而不再是个骄纵的孩子,直到我可以和他并肩作战,成为彼此的灵魂伴侣。

我知道戴尔·卡耐基对我奉献给他的爱也是心怀感恩的。眼睛是心灵的窗户，在他看我的眼神中我可以体会到。他的眼神里充满了温暖而纯粹的满足，只因为有我存在于他的生命里。他是我的兄长，是我的父亲，是我的丈夫。

此刻，我的桌上有一封信，是华伟克·安格斯寄来的。安格斯先生在信中说：

"很可能因为我娶了这个女孩子，所以我才比大部分的男人更加幸福。我所能给她的最大赞赏，就是对她说，如果我还能够回到32年前，我仍然愿意再和她结婚，只要她愿意再嫁给我！我所获得的任何成功，都归功于我可爱的妻子。"

如果没有了爱，成功又有什么意义呢？没有了爱，财富和权势也就像灰烬一样没有价值。如果我们从深挚的爱里得到了幸福和安心，那么，生活对我们来说，就是最美的。爱是宇宙的守恒定律，是灵魂的最终救赎。

生命的完整不在于时间的长短，而在于爱的拥有和奉献，这才是人生最大的成功。